电子元器件检测代换

从入门 到精通 的 **80** 个细节

郑全法　编著

U0337520

中国电力出版社
CHINA ELECTRIC POWER PRESS

内 容 提 要

学习电子技术离不开电子元器件的识别、检测与更换。本书就是为使初学者从零开始,快速掌握电子元器件的识别与检测技术而编写的。

本书共分七章,内容分别为:通用电子元件检测代换技能,通用半导体器件检测代换技能,集成电路检测代换技能,贴片元件检测代换技能,光电元件与显示器件检测代换技能,开关、接插件和保护器件检测代换技能,电子元器件焊接工艺。

本书从零起步,注重实操,辅有大量清晰的实物拍摄图,轻松易读,适合于立志成为电子工程师的各级别读者学习参考。

图书在版编目(CIP)数据

电子元器件检测代换从入门到精通的 80 个细节/郑全法编著. —北京:中国电力出版社,2015.5
ISBN 978-7-5123-7450-8

Ⅰ.①电… Ⅱ.①郑… Ⅲ.①电子元件-检测②电子器件-检测 Ⅳ.①TN606

中国版本图书馆 CIP 数据核字(2015)第 060365 号

中国电力出版社出版、发行

(北京市东城区北京站西街 19 号 100005 http://www.cepp.sgcc.com.cn)
汇鑫印务有限公司印刷
各地新华书店经售

*

2015 年 5 月第一版 2015 年 5 月北京第一次印刷
710 毫米×980 毫米 16 开本 17 印张 342 千字
印数 0001—3000 册 定价 **38.00** 元

前 言

随着科技的发展，各式各样的电器设备，大到工业用的电子设备，小到儿童用的电子玩具也在不断地推陈出新。这些电子设备深入地渗透到我们的工作、学习和生活当中，它们的人性化程度也在逐年提升，减轻了人们的劳动，解放了我们的双手，并给我们的生活带来更多的乐趣。

在这样的环境推动下，我国的电子元器件制造业也在迅速的发展着，已经成为支撑我国电子信息产业发展的重要基础。据统计，我国电子元件的产量已占全球的近39%以上，产量居世界第一的产品有电容器、电阻器、电声器件、磁性材料、压电石英晶体、微特电机、电子变压器、印制电路板等多种。对电子技术感兴趣的人群也日益庞大，很多人立志成为电子工程师，但是，电子理论知识枯燥难懂，很多初学者花了很多精力，却仍旧在门外徘徊。

为此，我们组织编写了本书。本书对各种常用电子元器件的外形结构、作用性能、识别及检测技术进行了系统的分析和介绍，内容新颖、资料翔实、通俗易懂，具有较强的针对性和实用性。使读者能够既看得懂、又能记得住，既掌握了基本知识、又学会了操作技能。

本书共分七章，前六章讲述了通用元器件、半导体元器件、集成电路、贴片元器件、光电控制保护器件等的识别、检测和代换技能，在第7章讲述电子元器件在焊接时的操作要点及工艺。在使用本书时，可先了解第7章的操作流程，再进行前面的学习。

本书主要由郑全法组织编写，其他参与编写的成员有：李国强、李俊伟、郭琪雅、郑亚齐、彭飞、孙晓权、孙涛、李军荣、杨耀等。

本书在编写过程中，采用了许多厂家提供的元器件的数据资料，同时也采用了许多国产的相关标准，同时由于编者的水平有限，有不足及改进之处，希望读者能够不吝赐教。

目 录

第一章

通用电子元件检测代换技能

通用电子元件是如今各行各业常用的元件，通过讲述其性能，识别其参数，学会其检测，了解其代换，可以积累一定的电子知识。

第一节 电 阻 器

细节 1：电阻器种类及特点

电阻器是限制电流的元件，通常简称为电阻，是一种最基本、最常用的电子元件。在电路中常用 R＋代号标志，其单位为欧姆（Ω），常用的单位还有 kΩ、MΩ、GΩ 和 TΩ，其换算关系如下：

$$10^3\Omega = 1k\Omega$$

$$10^6\Omega = 1M\Omega$$

$$10^9\Omega = 1G\Omega$$

$$10^12\Omega = 1T\Omega$$

几种常用电阻器的外形如图 1-1 所示，图形符号如图 1-2 所示。

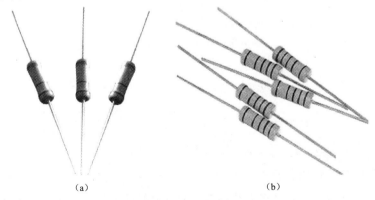

(a)　　　　　　　　　　(b)

图 1-1　常见的电阻器外形（一）

（a）碳膜电阻器；（b）金属膜电阻器

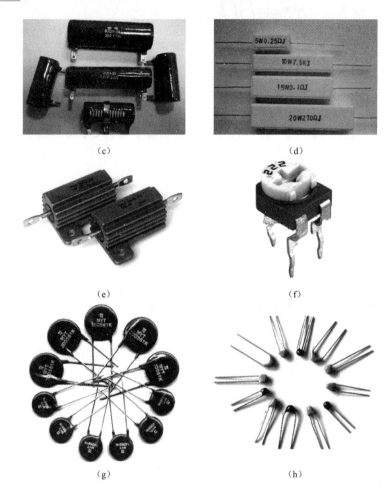

图 1-1 常见的电阻器外形（二）

（c）被釉电阻器；（d）水泥电阻器；（e）大功率铝壳电阻器；（f）可变电阻器；

（g）压敏电阻器；（h）热敏电阻器

国家标准符号   国外常用符号

图 1-2 电阻的图形符号

1 电阻器的分类

电阻器的种类众多，而且分类方法也多种多样，在本书中分为固定电阻器、可变电阻器和敏感电阻器三类。而固定电阻器又有如图 1-3 所示的分类方式。

2 电阻器的作用及特点

电阻器种类众多，在此选取几种常用的电阻器将其作用及特点归纳，见表 1-1。

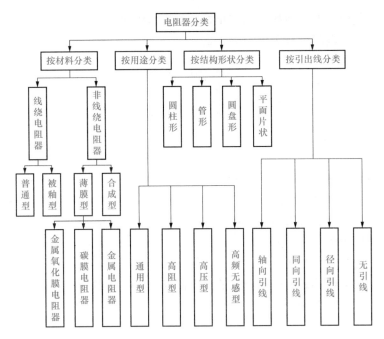

图 1-3 电阻器的分类

表 1-1 常用电阻器的作用及特点

电 阻	特 点
碳膜电阻器	稳定性好，高频特性好。应用在收录机、电视机以及其他电子产品中
金属膜电阻器	除具有碳膜电阻器的特性外，还具有比较好的耐高温特性及高精度的特点
金属氧化膜电阻器	与金属膜电阻器的性能和形状基本相同，不足之处是长期工作的稳定性较差
线绕电阻器	精度高、稳定性好，能承受较高的温度和较大的功率。在万用表、电阻箱中作为分压器和限流器，在电源电路中作限流电阻
热敏电阻器	电阻值随温度的变化而发生变化，分为负温度系数热敏电阻器和正温度系数热敏电阻器

 细节 2：固定电阻器的选用和检测

1 电阻器的性能参数

电阻器的性能参数主要有以下几种。

（1）标称阻值。标称阻值是指按国家规定标准化的电阻值。

不同类型电阻有不同的阻值范围，不同精度的电阻其标称阻值也不同。各电阻的标称值应是符合国家规定的数值之一再乘以 10^n，n 为正整数。标称阻值中大部分值不是整数。这是为了保证在同一系列中，相邻两个数中较小数的正偏差与较大数的负偏差彼此衔接或稍有重叠，这样可以使电子电路所需要的电阻全部包括在系列中。电阻标称阻值见表1-2。

表1-2 电阻器标称阻值

系列	容差	标称值											
E24	±5%	1.0	1.2	1.5	1.8	2.2	2.7	3.3	3.9	4.7	5.6	6.8	8.2
		1.1	1.3	1.6	2.0	2.4	3.0	3.6	4.3	5.1	6.2	7.5	9.1
E12	±10%	1.0	1.2	1.5	2.8	2.2	2.7	3.3	3.9	4.7	5.6	6.8	8.2
E6	±20%	1.0		1.5		2.2		3.3		4.7		6.8	

（2）标称功率。电阻器有电流流过会发热，温度太高容易烧毁。根据电阻器的材料和尺寸对电阻器的功率损耗要有一定的限制，保证其安全工作的功率值为电阻器的标称功率。

工业上大量生产的电阻器，为了达到既满足使用者对规格的各种要求，又能使规格品种简化到最低的程度，除了少数特殊的电阻器之外，一般都是按标准化的额定功率系列生产的。电阻器的额定功率见表1-3。

表1-3 电阻器的额定功率

名 称	额定功率/W					
实心电阻器	0.25	0.5	1	2	5	
线绕电阻器	0.5、1	2、6	10、15	25、35	50、75	100、150
薄膜电阻器	0.025、0.05	0.125、0.25	0.5、1	2、5	10、25	50、100

（3）容差。容差是指电阻实际阻值与标称阻值的相对误差。容差表示了电阻值偏离标称值的范围，是衡量电阻精度的指标。容差用 δ 表示，即

$$\delta = \frac{R - R_m}{R_m} \times 100\%$$

式中　R——实际阻值；

　　　R_m——标称阻值。

固定电阻器的允许偏差及文字符号见表1-4。

表1-4 固定电阻器的允许偏差及文字符号对照

允许偏差	文字符号	允许偏差	文字符号
±0.001%	Y	±0.5%	D
±0.002%	X	±1%	F
±0.005%	E	±2%	G
±0.01%	L	±5%	J

续表

允许偏差	文字符号	允许偏差	文字符号
±0.02%	P	±10%	K
±0.05%	W	±20%	M
±0.1%	B	±30%	N
±0.25%	C		

实际的电阻值不等于标称值的主要原因是温度的变化。电阻的精度等级见表 1-5。

表 1-5　　　　　　　　　　电阻精度等级

容差	±0.5%	±1%	±5%	±10%	±20%
级别	005	01	Ⅰ	Ⅱ	Ⅲ

　　值得注意的是，市场上常见的电阻多为Ⅰ级或Ⅱ级，对一般的应用场合已能满足使用的要求。在电子产品设计中要根据电路的不同要求选用不同精度的电阻。

（4）温度系数。温度的变化会引起电阻值的改变，温度系数是温度每变化1℃引起电阻值的变化量与标准温度下（一般指 25℃）的电阻值（R_{25}）之比，单位为℃$^{-1}$。温度系数 α 表达式为

$$\alpha = (\Delta R / \Delta T) / R_{25}$$

式中　ΔT——温度的变化量；

　　　ΔR——对应温度变化的阻值变化量。

温度系数有正（PTC）、有负（NTC），有的是线性的，也有的是非线性的。

精密电阻的温度系数较小，用文字符号表示为

$$S(\pm 5 \times 10^{-6} ℃^{-1})$$

$$R(\pm 10 \times 10^{-6} ℃^{-1})$$

$$Q(\pm 15 \times 10^{-6} ℃^{-1})$$

$$N(\pm 25 \times 10^{-6} ℃^{-1})$$

$$M(\pm 50 \times 10^{-6} ℃^{-1})$$

（5）最大工作电压。电阻器在不发生电击穿、放电等有害现象时，其两端所允许加的最大电压，称为最大工作电压 U_m。由标称功率和标称阻值可计算出一

个电阻器在达到标称功率时，它两端所加 U_p。但因为电阻器的结构、材料、尺寸等因素决定了它的抗电强度，所以即使工作电压低于 U_p，但若超过 U_m，电阻器也将会被击穿，使电阻器变值或损坏。对于高阻值非线绕电阻器，更要特别注意该项指标。

（6）噪声。电阻器的噪声是产生于电阻器中的一种不规则的变化。它主要包括导体中电子的不规则热运动引起的热噪声和流过电阻器电流的变化所引起的电流噪声。

由于电流噪声基本上与测试电压成正比，因而可以用两者之比来表示一个电阻器在噪声方面的质量指标，单位为 $\mu V/V$。任何电阻都有热噪声，降低电阻的工作温度可以减小热噪声；电流噪声与电阻内部的微观结构有关，合金型电阻无电流噪声，薄膜型电阻的电流噪声较小，合成型电阻的电流噪声最大，高精密电子电路中要注意解决电阻的噪声问题。

（7）非线性。加在电阻器两端的电压与电阻器中的电流之比不是常数时，称为非线性。电阻器的非线性用电压系数表示，即在规定电压范围内每改变 1V 时电阻值的平均相对变化量。一般金属型电阻器的非线性度很小，非金属型电阻器有较大的非线性。

2 电阻器的电阻值识读

由于电阻器的体积很小，一般只在其表面标明阻值、精度、材料、功率等几项。对于 $1/8\sim1/2W$ 之间的小功率电阻器，通常只标注阻值和精度，而材料及功率则由外形尺寸和颜色来判断。参数标注的方法有文字直接标注和色环标注两种。

（1）文字直接标注。文字直接标注法就是直接印出阻值，如电阻器上印有"1.5k"或"1k5"字样。另外，通过电阻器上所标的字母可以判断制成电阻器的材料，字母与对应材料见表 1-6。

表 1-6 　　　　　　　　　　电阻器字母与材料的对应关系

符号	T	J	X	H	Y	C	S	I	N
材料	碳膜	金属膜	线绕	合成膜	氧化膜	沉积膜	有机实心	玻璃釉膜	无机实心

　　　　值得注意的是，对于普通碳膜和金属膜的电阻器，可通过外表颜色判定。国产碳膜电阻器通常涂绿色或棕色，金属膜电阻涂红色。

（2）色环标注。小功率电阻器（特别是 0.5W 以下的碳膜和金属膜电阻器）

多用表面色环表示标称阻值，每一种颜色代表一个数字，这在工程上叫作色环。电阻器阻值的常用色环表示有三色环、四色环和五色环三种，其含义如图 1-4 所示。

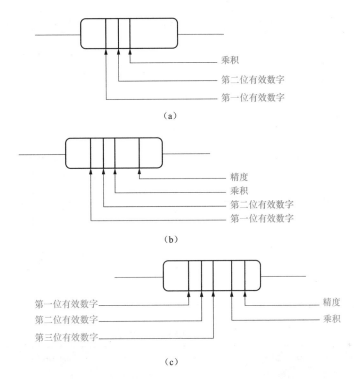

图 1-4　三色环、四色环和五色环电阻器的含义

(a) 三色环标注；(b) 四色环标注；(c) 五色环标注

　　如图 1-4 (b) 所示，对于四色环电阻器，用 3 个色环来表示阻值（前两环代表有效值，第三环代表乘上的次方数），用 1 个色环表示误差。

　　如图 1-4 (c) 所示，五色环电阻器一般是金属膜电阻器，为更好地表示精度，用 4 个色环表示阻值，另一个色环表示误差。

　　表 1-7 是四色环电阻器的颜色数值对照表。表 1-8 是五色环电阻器的颜色数值对照表。

　　(3) 直接标注法。直接标注法是指用数字和单位符号在电阻器表面上直接标出，如 3.3kΩ±5%，如图 1-5 所示。

　　(4) 三位数字法。三位数字法是指用三位阿拉伯数字表示电阻器的阻值，前两位数字表示电阻器阻值的有效数字，第三位数字表示有效数字后面零的个数

（或 10 的幂数）。如 200 表示 20Ω，331 表示 330Ω，472 表示 4.7kΩ。

表 1-7　　　　　　　　　　四色环电阻器色标标志法

色环颜色	第一色环	第二色环	第三色环	第四色环
	第一位数值	第二位数值	第三位数值	第四位数值
黑	—	0	$\times 10^0$	—
棕	1	1	$\times 10^1$	—
红	2	2	$\times 10^2$	—
橙	3	3	$\times 10^3$	—
黄	4	4	$\times 10^4$	—
绿	5	5	$\times 10^5$	—
蓝	6	6	$\times 10^6$	—
紫	7	7	$\times 10^7$	—
灰	8	8	$\times 10^8$	—
白	9	9	$\times 10^9$	—
金	—	—	$\times 10^{-1}$	$\pm 5\%$
银	—	—	$\times 10^{-2}$	$\pm 10\%$
无色	—	—	—	$\pm 20\%$

表 1-8　　　　　　　　　　五色环电阻器色标标志法

色环颜色	第一色环	第二色环	第三色环	第四色环	第五色环
	第一位数值	第二位数值	第三位数值	第四位数值	第五位数值
黑	—	0	0	$\times 10^0$	—
棕	1	1	1	$\times 10^1$	$\pm 1\%$
红	2	2	2	$\times 10^2$	$\pm 2\%$
橙	3	3	3	$\times 10^3$	—
黄	4	4	4	$\times 10^4$	—
绿	5	5	5	$\times 10^5$	$\pm 5\%$
蓝	6	6	6	$\times 10^6$	$\pm 0.25\%$
紫	7	7	7	$\times 10^7$	$\pm 0.1\%$
灰	8	8	8	$\times 10^8$	
白	9	9	9	$\times 10^9$	
金	—	—	—	$\times 10^{-1}$	
银	—	—	—	$\times 10^{-2}$	

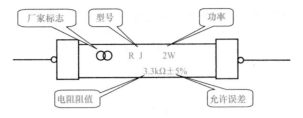

图 1-5　直接标注法

3 **电阻器的型号识别**

国产电阻器的代号一般由 4 部分组成，如图 1-6 所示，国外产电阻器型号由 7 部分构成，代表的含义略有不同，其详见见表 1-9 所示。

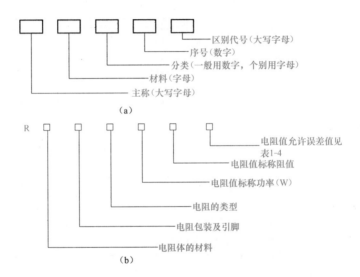

图 1-6　电阻器代号表示法

（a）国产电阻器的代号表示法；（b）国外电阻器的代号表示法

各部分有其确切的含义，见表 1-10。

例如，精密金属膜电阻器的型号为 RJ71。

其中，RT1 表示普通碳膜电阻；0.25W 表示功率；470Ω 表示阻值；±10% 表示阻值的误差。

4 **电阻器的选用**

（1）优先选用通用型电阻器。通用型电阻器种类很多，如碳膜电阻器、金属膜电阻器、金属氧化膜电阻器、金属玻璃釉电阻器、实芯电阻器等。这类电阻器的阻值范围宽，精度包括±5%、±10%和±20%三级，功率为 0.1～10W。由于

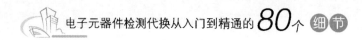

它们品种多，规格齐全，来源充足，价格便宜，所以有利于生产和维修。

表 1-9　　　　　　　　　　国外电阻器型号标志方法

第一部分：主称		第二部分：材料		第三部分：包装及引线		第四部分：类型	
符号	意义	符号	音效	数字	意义	符号	意义
R	电阻器	D	碳膜	05	非金属套，引线方向相反，与轴平行	Y	一般型（适用 RD、RS、RK）
		C	碳质			GF	一般（适用 RW）
		S	金属氧化膜	08	无包装，引线方向相同，与轴垂直	J	一般（适用 RW）
		W	线绕			S	绝缘型
		K	金属化	13	无包装，引线方向相同，与轴垂直	H	高频型
		B	精密线绕			P	耐脉冲型
		N	金属膜	14	非金属外包装，引线方向相同，与轴平行	N	耐温型
				16	非金属外包装，引线方向相同，与轴同行	NL	低器械声型
				21	非金属套，片状引出方向相同，与轴同行		
				24	无包装，片状引出方向相同，与轴垂直		
				26	非金属外包装，片状引出方向相同，与轴垂直		

第五部分：功率（W）		第六部分：标称阻值	第七部分：阻值允许偏差（％）
符号	意义		
2B	0.125	① 阻值<10Ω 时，用数字和字母 R 表示，第一位数表示阻值的个位数，R 表示小数点，R 右面的数表示阻值的小数值。 ② 阻值≥10Ω 时，用 1 个三位数表示阻值，其中第一、二位数是有效数字，第三位数是被乘数的 10 次幂	见表 1-4
2E	0.25		
2H	0.5		
3A	1		
3D	2		

（2）所用电阻器的额定功率必须大于实际功率的两倍。要保证电阻器正常工作而不致烧坏，必须使它实际工作时所承受的功率不超过其额定功率。为了使电阻器工作可靠，通常所选用额定功率为 1W 以上的电阻器。

（3）在高增益前置放大电路中，应选用噪声电动势小的电阻器，以减小噪声对有用信号的干扰。例如，可选用金属膜电阻器、金属化电阻器、碳膜电阻器。实心电阻器噪声电动势较大，一般在前置放大电路中不宜使用。

（4）根据电路工作频率选择电阻器。由于各种电阻器的结构和制造工艺不同，其分布参数也不相同。RX 型线绕电阻器的分布电感和分布电容都比较大，只适用于频率低于 50kHz 的电路；RH 型合成膜电阻器和 RS 型有机实心电阻器可以用在几十兆赫兹的电路中；RT 型碳膜电阻器可在 100MHz 左右的电路中工作；而 RJ 型金属膜电阻器和 RY 型氧化膜电阻器可以工作在高达数百兆赫兹的高频电路。

表 1-10　　　　　　　　　　电阻器的符号及含义对照

第一部分：主称		第二部分：材料		第三部分：特征分类			第四部分
符号	意义	符号	意义	符号	意义		
					电阻器	电位器	
R W （RP）	电阻器 电位器	T	碳膜	1	普通	普通	对主称、材料特征相同，仅尺寸、性能指标略有差别，但基本上不影响互换的产品给予同一序号，如尺寸、性能指标的差别已明显影响互换时，则在序号后面用大写字母作为区别代号予以区别
		R	合成膜	2	普通	普通	
		S	有机实心	3	超高频		
		N	无机实心	4	高阻		
		J	金属膜	5	高温		
		Y	氧化膜				
		C	沉积膜	7	精密	精密	
		I	玻璃釉膜	8	高压		
		P	硼碳膜	9	特殊	特殊	
		U	硅碳膜	G	高功率		
		X	线绕	T	可调		
		M	压敏	W		微调	
		G	光敏	D		多圈	
		R	热敏	B	温度补偿用		
				C	温度测量用		
				P	旁热式		
				W	稳压式		
				Z	正温度系数		

（5）根据电路对温度稳定性的要求选择电阻器。由于电阻器在电路中的作用不同，所以对它们在稳定性方面的要求也就有所不同，如在退耦合电路中的电阻器，即使阻值有所变化，对电路工作影响也不大；而应用在稳压电源中作取样电阻器，其阻值的变化将引起输出电压的变化。实心电阻器温度系数较大，不宜用在稳定性要求较高的电路中；碳膜电阻器、金属膜电阻器、玻璃釉膜电阻器都具有较好的温度特性，很适合应用于稳定度较高的场合；线绕电阻器的温度系数极小，因此，其阻值最为稳定。

（6）根据安装位置选用电阻器。由于制作电阻器的材料和工艺不同，相同功率的电阻器，其体积并不相同。例如，相同功率的金属膜电阻器的体积就比碳膜电阻器小1倍左右，适合于安装在元件比较紧凑的电路中；反之，在元件安装位置较宽松的场合，选用碳膜电阻器就相对经济些。

（7）根据工作环境条件选用电阻器。使用电阻器的环境，如温度、湿度等条件不同时，所选用的电阻器种类也不相同。例如，沉积膜电阻器不宜用于易受潮气和电解腐蚀影响的场合；如果环境温度较高，可以考虑用金属膜电阻器或氧化膜电阻器，它们都可在±125℃的高温条件下长期工作。

5 电阻器的检测

电阻器的检测可分为在路和非在路测量以及使用指针万用表和数字万用表检测两种情况。

（1）电阻器的在路测量和非在路测量。

1）非在路测量是指把电阻器焊下一脚再进行测量，这无疑是最准确的方法。当被测电阻器的阻值较大时，不能用手同时接触被测电阻器两个引脚，如图1-7所示，否则人体的电阻会与被测电阻器并联影响测量的结果，尤其是测几百千欧的大阻值电阻，最好手不要接触电阻体的任何部分。对于几欧的小电阻，应注意使表笔与电阻器引出线接触良好，必要时可将电阻器两引线上的氧化物刮掉再进行检测。

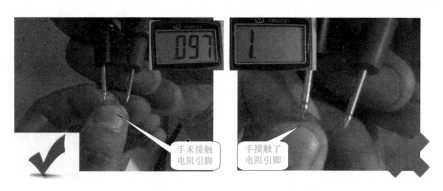

图1-7　同一个电阻器正确和错误的测量方法造成的检测结果

2）在路测量电阻器阻值，只用来判断电阻的好坏，而不能具体说明电阻的量的变化。但这种方法方便、迅速，是维修人员判断故障的常用方法。

（2）使用指针万用表和数字万用表检测。电阻器的好坏可用指针万用表或数字万用表的电阻挡检测。

1）用指针万用表检测。

① 选择挡位。检测时首先根据电阻器阻值的大小，将指针万用表（以下简称"万用表"）上的挡位旋钮转到适当的"Ω"挡位。由于万用表电阻挡一般按中心阻值校准，而刻度线又是非线性的，因此，测量电阻器应避免表针指在刻度线

两端。一般测量 100Ω 以下电阻器可选"$R\times1$"挡，100Ω～1kΩ 电阻器可选"$R\times10$"挡等，如图 1-8 所示。

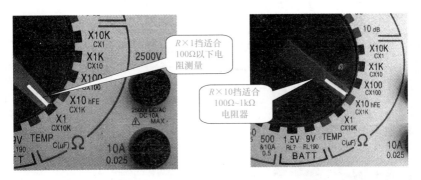

图 1-8　挡位选择

② 校零。测量挡位选定后，还需对万用表电阻挡进行校零。将万用表两表笔互相短接，操作如图 1-9 所示，转动"调零"旋钮（见图 1-9）使表针指向电阻刻度的"0"位（满度）。

需要特别注意的是，测量中每更换一次挡位，均应重新对该挡进行校零。

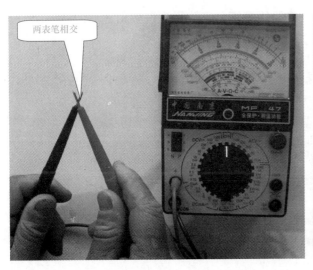
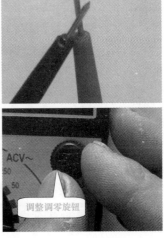

图 1-9　万用表调零

③ 测量。如图 1-10 所示，将万用表两表笔（不分正、负）分别与电阻器的两端引脚相接，表针应指在相应的阻值刻度上。如表针不动、指示不稳定或指示值与电阻器上标示值相差很大，则说明该电阻器已损坏。

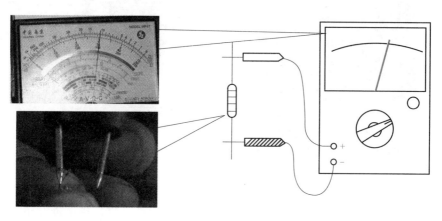

图 1-10　测量电阻

> 　　值得注意的是，在测量几十千欧以上阻值的电阻器时，不可用手同时接触电阻器的两端引线，以免接入人体电阻带来测量误差。

2）用数字万用表检测。

① 数字万用表测量电阻器前不用校零，将挡位旋钮转到适当的"Ω"挡位，打开电源开关即可测量。

② 选择挡位。选择测量挡位时应尽量使显示屏显示较多的有效数字，一般测量 200Ω 以下电阻器可选"200Ω"挡，200～1999Ω 电阻器可选"2kΩ"挡等。

③ 测量。两表笔（不分正、负）分别接被测电阻器的两端，LCD 显示屏即显示出被测电阻器的阻值，如显示"000"（短路）、仅最高位显示"1"（断路）或显示值与电阻器上标示值相差很大，则说明该电阻器已损坏。

> 　　经以上测试可知，模拟万用表能够更好地显示出电阻器的电阻值变化，所以在接下来的测量中，我们均以模拟万用表为例进行检测。

6　电阻器的修复和代换

电阻器一旦损坏，应找出其损坏原因，然后换上同种类、同型号的新电阻器。已损坏的电阻器一般不能进行修理。但作为应急处理时，有些电阻器也可稍加修理后使用，如某线电阻器断线，可将断线处接好再用。

（1）电阻器的故障表现。电阻器的常见故障有两种：一种是阻值变大或电阻器断路，另一种是内部或引线接触不良。这两种故障会出现电路无信号、无电压，使家用电器及其他电子设备出现杂音和信号时有时无。更换损坏的电阻器，最好用同类型、同规格、同阻值的电阻器。如果无合适阻值和功率的电阻器，可考虑代换。额定功率大的可以代替额定功率小的，精度高的可以代替精度低的，金属膜电阻器可以代换同阻值同功率的碳膜电阻器，半可调电阻器可代换固定电阻器。

（2）应急处理。一般采用以下办法应急处理。

① 碳膜电阻或金属膜电阻器。对于碳膜电阻器或金属膜电阻器，如果属于引线折断故障，可以把断头的铜压帽（卡圈）上的漆膜刮去，重新焊出引线，继续使用，但要注意操作动作要快，以免电阻器因受热过度导致阻值变化或造成压帽松脱。

如果碳膜电阻器阻值高，可以用小刀刮去保护漆，露出碳膜，然后用钢笔在碳膜上来回涂，使阻值变小，直至阻值达到所需值，再涂上一层漆作为绝缘保护膜。如果阻值偏低，则可以将电阻器表面碳膜用砂纸或小刀轻轻地刮掉一些。刮时不能太急、太重，应边刮边用万用表测量，达到要求阻值后，再用漆将被刮表面涂覆住即可。

② 应用电阻的串联或并联。在修理中，若发现某一电阻变值或损坏，手头又没有同规格电阻更换，可采用串、并联电阻的方法进行应急处理。

需要注意的是，在采用串、并联方法时，除了计算总阻值是否符合要求外，还要注意其额定功率是否符合要求。

细节 3：可变电阻器的选用和检测

可变电阻器是指其阻值在规定的范围内可任意调节的变阻器，它的作用是改变电路中电压、电流的大小。可变电阻器可以分为半可调电阻器和电位器两类，其外形如图 1-11 所示。

① 半可调电阻器

半可调电阻器又称微调电阻器，它是指电阻值虽然可以调节，但在使用时经常固定在某一阻值上的电阻器。这种电阻器一经装配，其阻值就固定在某一数值上，如晶体管应用电路中的偏流电阻器。在电路中，如果需作偏电流的调整，只要微调阻值即可。

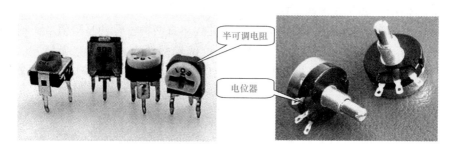

图 1-11　可变电阻器

2 电位器

电位器是在一定范围内阻值连续可变的一种电阻器，通常是由电阻体与转动或滑动系统组成，在家用电器和其他电子设备电路中，电位器常用作可调的无线电电子元件。电位器的作用是用来分压、分流和作为变阻器。在晶体管收音机、CD 唱机、VCD 机中，常用电位器阻值的变化来控制音量的大小，有的兼作开关使用。

电位器在电路中用字母"R"或"RP"表示，图 1-12 是电路符号。

微调电阻器　　　可变电阻器　　　三端电位器　　　两端电位器

图 1-12　电位器电路符号

（1）电位器的分类。

1）按材料分类。电位器按材料可分为合金型电位器、合成型电位器和薄膜型电位器三大类。每一类中又可分成多种，如图 1-13 所示。

2）按调节机构的运动方式分类。电位器按调节机构的运动方式可分为旋转式电位器和直滑式电位器两大类。用转轴使电刷作旋转运动的电位器称旋转式电位器；用滑柄使电刷作直线运动的电位器称直滑式电位器。旋转式电位器的旋转角度小于 360° 的称单圈电位器，大于 360° 的称多圈电位器。多圈电位器的总角度通常为（2～4）×360°，其电阻体制成螺旋形的称螺旋电位器。

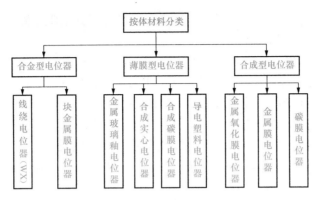

图 1-13　电位器按材料分类

3）按结构分类。电位器按结构可分为单联电位器、多联电位器、带开关电位器、不带开关电位器等 。由两个或两个以上电位器组成的电位器，称多联电位器。用同一调节轴（或滑柄）对各联电位器作同步调节的称同步多联电位器；用各自的调节轴（或滑柄）对各联电位器作独立调节的称异步多联电位器。备有开关的电位器称带开关电位器，开关的形式有多种，如推拉式、按键式、正开关式、反开关式等。

4）按用途分类。电位器按用途可分为精密电位器、普通电位器、功率电位器、微调电位器及专用电位器等。精密电位器输出特性的精度和稳定性较高，阻值精度也较高，在电子设备中作精密调节用。普通电位器输出特性的精度不高，功率电位器能承受较大的耗散功率，其额定功率由几瓦至 100W。微调电位器在电子设备中用来调整电压或电流，通常一经调定后，不再经常调节，为了适合于微量调节，常带有慢转机构。其他作为专门用途的电位器有高频电位器（或高频可变衰减器）、高压电位器、耐热电位器、快速电位器等。

（2）电位器的性能参数。电位器属于机电转换元件，它的基本特性和主要参数反映出电刷机械位置和机械运动与电量之间的关系。

1）标称阻值。标称阻值是指电位器上标注的电阻值，它等于电阻体两个固定端之间的电阻值。

2）额定功率。电位器的额定功率是指在正常大气压及额定温度下，能保证电位器连续正常工作的允许功率。它的大小决定于结构、尺寸和材料。当环境温度低于额定温度时，可满负载使用，当环境温度高于额定温度时，应降负载使用。

常用的电位器额定功率有 0.1W、0.25W、0.5W、1W、1.5W、2W、3W、5W、10W、16W、25W、40W、63W、100W。

3）阻值变化规律。电位器的阻值变化规律是指其电阻值随滑动接触点旋转角度或滑动行程之间的变化关系。

4）最大工作电压。最大工作电压又称额定工作电压，是指电位器在规定的条件下，能长期可靠地工作时所允许承受的最高工作电压。实际工作电压要小于额定电压，超过此值电位器就有被击穿和烧坏的可能。

5）分辨率。对线绕电位器，电刷滑动一线圈时，阻值的变化是不连续的，这个变化量与电位器总阻值的比值称为分辨率。直线式线绕电位器的理论分辨率为绕组总匝数 N 的倒数，并以百分数表示。对非线绕电位器，阻值的变化量是连续的，所以分辨率较高。

6）动噪声。动噪声是指电位器在外加电压作用下，其动触点在电阻体上滑动时产生的电噪声，该噪声的大小与转轴速度、接触点和电阻体之间的接触电阻、动接触点的数目以及电阻体电阻率的不均匀变化及外加的电压大小等有关。

7）机械寿命。机械寿命以旋转或滑动多少次为标志。有止挡的电位器，电刷往返一次为一周。无止挡的电位器，电刷从始端至末端为一周。

8）开关载流量。开关载流量是带开关电位器的一个技术指标，指当开关闭合后，开关触点能通过电流的安培数及开关断开时两触点能承受的电压值。

9）零位电阻。零位电阻是指电刷处于电阻体始端或末端时，电刷与始端或末端之间的电阻值。其数值与电位器结构、电阻体的阻值、材料等因素有关，一般为数十欧姆。

（3）电位器的阻值识读。根据《电子设备用电位器型号命名方法》（ST/T 10503—94），电位器产品型号一般由下列几部分组成。

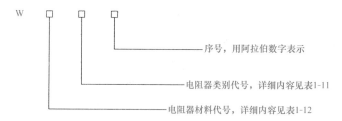

图 1-14　电位器阻值识读

第一部分：电位器代号，电位器代号用一个字母"W"表示。

第二部分：电阻材料代号，电阻材料代号用一个字母表示，见表 1-12。

第三部分：类别代号，类别代号按表 1-11 用一个字母表示。

第四部分：序号，序号用阿拉伯数字表示。

规定失效率等级代号用一个字母"K"表示。

对规定失效率等级的电位器，其型号除符合第一部分至第四部分的规定外，还应在类别代号与序号之间加"K"。

表 1-11　　　　　　　　　　　　类　别　代　号

代　号	类　　别	代　号	类　　别	代　号	类　　别
G	高压类	Y	旋转预调类	X	旋转低功率类
H	组合类	J	单圈旋转精密类	Z	直滑式低功率类
B	片式类	D	多圈旋转精密类	P	旋转功率类
W	螺杆驱动预调类	M	直滑式精密类	T	特殊类

表 1-12　　　　　　　　　　　　电阻材料代号

代号	H	S	N	I	X	J	Y	D	F
材料	合成碳膜	有机实心	无机实心	玻璃釉膜	线绕	金属膜	氧化膜	导电塑料	复合膜

另外，用 P 表示硼碳膜，M 表示压敏，G 表示光敏等。

（4）电位器的选用和检测。

1）电位器的选用。选用电位器时一般应注意以下几点。

① 根据电路的要求，选择合适型号的电位器。一般要求不高的电路中，或使用环境较好的场合，如在室内工作的收录机的音量、音调控制用的电位器，均可选用碳膜电位器，它的规格齐全，价格低廉。

② 根据不同用途，选择相应阻值变化规律的电位器。如用于音量控制的电位器应选用指数式，也可用直线式勉强代用，但不应该使用对数式。否则，将使音量调节范围变窄。用作分压器时，应选用直线式。

③ 选用电位器时，还应注意尺寸大小和旋转轴柄的长短、轴端式样和轴上有无紧锁装置等。经常需要进行调节的电位器，应选择半圆轴柄的，以便安装旋钮。不需要经常调整的，可选轴端带有刻槽的，用旋具调整好后不再经常转动。飞机中的音量、控制电位器，一般都选用带开关的电位器。

④ 合理选择电位器的电参数。根据设备和电路的要求选好电位器的类型和规格后，还要根据电路的要求合理选择电位器的电参数，包括额定功率、标称阻值、允许偏差、分辨率、最高工作电压、动噪声等。

2) 电位器的检测。

① 标称阻值的检测。测量时，选用万用表电阻挡的适当量程，将两表笔分别接在电位器两个定臂焊片之间，如图 1-15 所示，先测量电位器的总阻值是否与标称阻值相同。若测量的阻值为无穷大或较标称阻值大，则说明该电位器已开路或变值损坏。

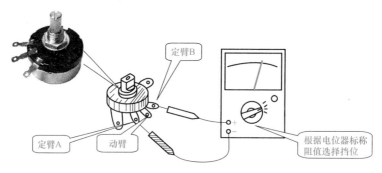

图 1-15　标称阻值测量

② 检测带开关电位器的开关好坏。万用表置于"Ω"挡位，两表笔分别接开关触点 A 和 B，旋转电位器旋柄使开关交替地"开"与"关"，观察表针指示，如图 1-16 所示。开关"开"时表针应指向最右边（电阻为 0），开关"关"时表针应指向最左边（电阻无穷大）。可重复若干次以观察开关是否接触不良。

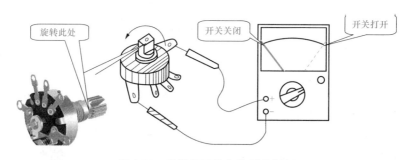

图 1-16　检测带开关电位器的好坏

③ 检测动臂与电阻体的接触是否良好。万用表的一表笔与电位器动臂相接，另一表笔与某一定臂相接，来回旋转电位器旋柄，万用表表针应随之平稳地来回移动，如图 1-17 所示。如表针不动或移动不平稳，则该电位器动臂接触不良。

再将接定臂的表笔改接至另一定臂，重复以上检测步骤。

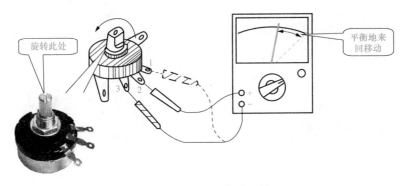

图 1-17　检测电位器开关

（5）电位器的修复及代换。

1）电位器的修复。电位器常见故障有接触不良、电阻磨损、旋转不灵活等。修复时，可针对不同情况采取下列几种方法修复。

① 簧片弹性不足时，可把电位器拆开，如图 1-18 所示，将簧片接点和簧片根部适当向下压，使簧片触点和碳膜之间接触压力增加。

图 1-18　拆开后的电位器

② 若因碳膜层表面磨损造成接触不良时，如图 1-19（a）所示碳膜层，可以适当将簧片触点向里或向外拨动一下，如图 1-19（b）所示簧片接点，使触点离开原碳膜层位置，接触变得良好。

③ 碳膜层部分磨损脱落，可用浓铅笔芯研成粉末，掺入黏合剂，拌匀后涂抹在碳膜脱落部位。

④ 如果引出脚和碳膜层之间接触不良，可用汽油或酒精将接触处清洗干净，再用工具将引出脚处夹紧。

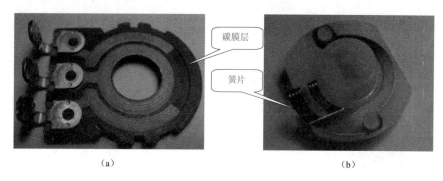

（a）　　　　　　　　　　　　　　　　　　　　（b）

图 1-19　分开后的电位器

（a）碳膜片；（b）簧片组件

2）电位器的代换。更换电位器时最好选用同类型、同型号、同阻值的电位器，还应注意电位器的轴长及轴端开关与原旋钮配合。如果实在找不到同型号、同阻值的电位器，但又急需使用，可用相似阻值和型号的电位器代换。代换的电位器的额定功率一般不要小于原电位器的额定功率，代换的电位器的体积大小、外形和阻值范围应同原电位器相近。

电位器用来作可变电阻器的，只要分别接 A（一端）、B（中间）或者 B、C（一端）两端，就可调节需要的阻值。用 B、C 两端时，顺时针方向旋到端点电阻值为零；用 A、B 两端时，顺时针方向旋到端点阻值最大。为了使滑动触点接触电流减小，一般可将另一空头接到中心焊片上，减小杂音。

 细节 4：敏感电阻器的选用和检测

敏感电阻器是指其阻值对某些物理量（如温度、电压等）表现敏感的电阻器。如压敏电阻器、热敏电阻器、光敏电阻器，等等。常见的敏感电阻器有以下几种。

1　热敏电阻器

热敏电阻器是由对温度极为敏感、热惰性很小的半导体材料制成的非线性电阻器。常见的有正温度系数（PTC）、负温度系数（NTC）和临界温度系数三大类热敏电阻器。正温度系数电阻器的阻值随温度升高而增大，如常见的彩电用消磁电阻；负温度系数电阻器的阻值随温度升高而减小；临界温度系数的电阻器的阻值在临界温度附近时基本为零。

热敏电阻器在电路中用文字符号"RT"或"R"表示，图 1-20 是其电路图形符号及常见外形。

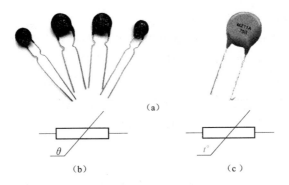

（a）

（b）　　　　　　　　　　　（c）

图 1-20　热敏电阻器电路图形符号及常见外形

（a）外形；（b）新图形符号；（c）旧图形符号

（1）热敏电阻器的种类。热敏电阻器根据其结构、形状、灵敏度、受热方式及温度特性的不同可以分为多种类型。

1）按结构及形状分类。热敏电阻器按其结构及形状可分为圆片形（片状）热敏电阻器、圆柱形（柱形）热敏电阻器、圆圈形（垫圈状）热敏电阻器等多种，如图 1-21 所示。

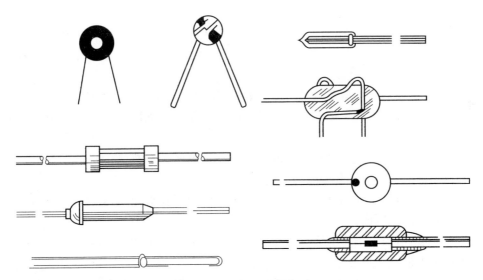

图 1-21　热敏电阻的外形

2）按温度变化的灵敏度分类。热敏电阻器按其温度变化的灵敏度可分为高灵敏度型（突变型）热敏电阻器和低灵敏度型（缓变型）热敏电阻器。

3）按受热方式分类。热敏电阻器按其受热方式可分为直热式热敏电阻器和旁热式热敏电阻器。

4）按温度变化特性分类。热敏电阻器按其温度（温度变化）特性可分为正温度系数（PTC）热敏电阻器和负温度系数（NTC）热敏电阻器。

（2）热敏电阻器的主要参数。热敏电阻器的主要参数除额定功率、标称阻值和允许偏差等基本指标外，还有测量功率、材料常数、最高工作温度、开关温度、标称电压、工作电流、稳压范围、绝缘电阻等。

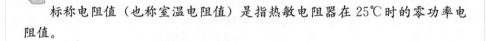

标称电阻值（也称室温电阻值）是指热敏电阻器在 25℃时的零功率电阻值。

1）测量功率。测量功率是指在规定的环境温度下，电阻体受测量电源加热而引起阻值变化不超过 0.1％时所消耗的功率。

2）材料常数。材料常数是反映热敏电阻器热灵敏度的指标。通常该值越大，热敏电阻器的灵敏度和电阻率越高。

3）电阻温度系数。电阻温度系数表示热敏电阻器在零功率条件下，其温度每变化 1℃所引起电阻值的相对变化量。

4）热时间常数。热时间常数是指热敏电阻器的热惰性，即在无功功率状态下，当环境温度突变时，电阻体温度由初值变化到最终温度之差的 63.2％所需的时间。

5）耗散系数。耗散系数是指热敏电阻器温度每增加 1℃时所耗散的功率。

6）开关温度。开关温度是指热敏电阻器的零功率电阻值为最低电阻值两倍时所对应的温度。

7）最高工作温度。最高工作温度是指热敏电阻器在规定的标准条件下，长期连续工作时所允许承受的最高温度。

8）标称电压。标称电压是指稳压用热敏电阻器在规定温度下，与标称工作电流所对应的电压值。

9）工作电流。工作电流是指稳压用热敏电阻器在正常工作状态范围内稳定电流的范围值。

10）稳压范围。稳压范围是指热敏电阻器在规定环境温度范围内稳定电压的范围值。

11）最大电压。最大电压是指在规定环境温度下，热敏电阻器正常工作时所允许连续施加的最高电压值。

12）绝缘电阻。绝缘电阻是指在规定环境条件下，热敏电阻器的电阻体与绝缘外壳之间的电阻值。

（3）热敏电阻的检测。测量 NTC 热敏电阻器的方法与测量普通固定电阻器的方法相同，即根据 NTC 热敏电阻器的标称阻值选择合适的万用表电阻挡可直接测量出标称电阻实际值。但因 NTC 热敏电阻器对温度很敏感，故测试时应注意以下几点：由标称阻值的定义可知，此值是生产厂家在环境温度为 25℃ 时所测得的，所以用万用表测量标称阻值 R_t 时，也应在环境温度接近 25℃ 时进行，以保证测试的可靠性。

测量功率不得超过规定值，以免电流热效应引起测量误差；对于低阻值的热敏电阻器，也应尽量选择较高的电阻挡，以减小测试电流引起的热效应。

　　注意正确操作。测试时，不要用手捏住热敏电阻体，以防止人体温度对测试产生影响。

（4）热敏电阻的代换。热敏电阻器损坏后，若无同型号的产品更换，则可选用与其类型及性能参数相同或相近的其他型号敏感电阻器代换。

消磁用 PTC 热敏电阻器可以用与其额定电压值相同、阻值相近的同类热敏电阻器代用。例如，20Ω 的消磁用 PTC 热敏电阻器损坏后，可以用 18Ω 或 27Ω 的消磁用 PTC 热敏电阻器直接代换。

压缩机起动用 PTC 热敏电阻器损坏后，应使用同型号热敏电阻器更换或与其额定阻值、额定功率、起动电流、动作时间及耐压值均相同的其他型号热敏电阻器代换，以免损坏压缩机。

温度检测、温度控制用 NTC 热敏电阻器及过电流保护用 PTC 热敏电阻器损坏后，只能使用与其性能参数相同的同类热敏电阻器更换，否则会造成应用电路不工作或损坏。

② 光敏电阻器

光敏电阻器是应用半导体光电效应原理制成的一种元件，其特点是对光线非常敏感，无光线照射时，光敏电阻器呈高阻状态，当有光线照射时，电阻迅速减小。光敏电阻器在电路中用字母"R"或"RL"表示，图 1-22 是其外形及电路图形符号。

（1）光敏电阻器的分类。光敏电阻器可以根据光敏电阻器的制作材料和光谱特性来分类。

1）按光敏电阻器的制作材料分类。光敏电阻器按其制作材料的不同可分为多晶光敏电阻器和单晶光敏电阻器，还可分为硫化镉光敏电阻器、硒化镉光敏电阻器、硒化铅光敏电阻器、锑化铟光敏电阻器等多种。

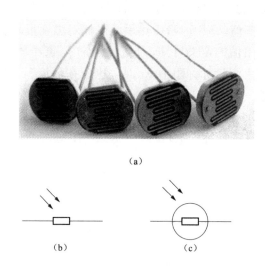

（a）

（b）　　　　　　（c）

图 1-22　光敏电阻器外形及电路图形符号
（a）光敏电阻器的外形；（b）新图形符号；（c）旧图形符号

2）按光谱特性分类。光敏电阻器按其光谱特性可分为可见光光敏电阻器、紫外光光敏电阻器和红外光光敏电阻器。

可见光光敏电阻器主要应用于各种光电自动控制系统、电子照相机和光报警器等电子产品中；紫外光光敏电阻器主要应用于紫外线探测仪器；红外光光敏电阻器主要应用于天文、军事等领域的有关自动控制系统中。

（2）光敏电阻器的主要参数。

1）亮电阻。亮电阻是指光敏电阻器受到光照射时的电阻值。

2）暗电阻。暗电阻是指光敏电阻器在无光照射时的电阻值。

3）最高工作电压。最高工作电压是指光敏电阻器在额定功耗下所允许承受的最高电压。

4）亮电流。亮电流是指光敏电阻器在规定的外加电压下受到光照时所通过的电流。

5）暗电流。暗电流是指在无光照时，光敏电阻器在规定的外加电压下通过的电流。

6）时间常数。时间常数是指光敏电阻器从光照跃变开始到稳定亮电流的63％时所需要的时间。

7）电阻温度系数。电阻温度系数是指光敏电阻器在环境温度改变1℃时，其电阻值的相对变化。

8）灵敏度。灵敏度是指有光照射和无光照射时电阻值的相对变化。

（3）光敏电阻器的检测。检测光敏电阻器时，可使用万用表 $R \times 1k$ 挡，将两表笔分别接光敏电阻器的两条引线，然后按下列方法进行测试。

1）检测暗阻。检测电路如图 1-23 所示。用一黑纸将光敏电阻器的透光窗口遮住，此时万用表的指针基本保持不动，阻值接近无穷大。阻值越大说明光敏电阻器性能越好。若阻值很小或接近零，说明光敏电阻器已烧穿损坏，不能再继续使用。

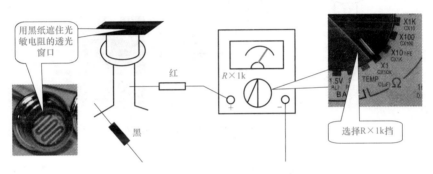

图 1-23　检测光敏电阻器的暗阻

2）检测亮阻。检测电路如图 1-24 所示。将一光源对准光敏电阻器的透光窗口，此时万用表的指针应有较大幅度的摆动，阻值明显减小。阻值越小说明光敏电阻器性能越好。若阻值很大甚至为无穷大，表明此光敏电阻器内部开路损坏，不能再继续使用。

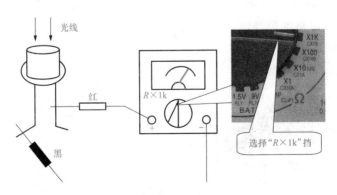

图 1-24　检测光敏电阻器的亮阻

3）检测灵敏性。检测方法如图 1-25 所示。将光敏电阻器透光窗口对准入射光线，用小黑纸片在光敏电阻器的透光窗口上部晃动，使其间断受光，此时万用表指针应随黑纸片的晃动而左右摆动。如果万用表指针始终在某一位置上不随纸片晃动而摆动，说明此光敏电阻器的光敏材料已经损坏。

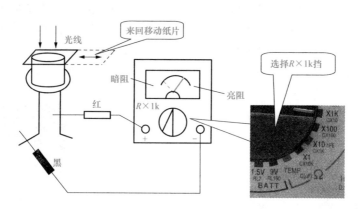

图 1-25　检测光敏电阻器的灵敏性

（4）光敏电阻器的代换。光敏电阻器损坏后，若无同型号的光敏电阻器更换，则可以选用与其类型相同、主要参数相近的其他型号光敏电阻器来代换。光谱特性不同的光敏电阻器（如可见光光敏电阻器、红外光光敏电阻器、紫外光光敏电阻器），即使阻值范围相同，也不能相互代换。

3　磁敏电阻器

磁敏电阻器又称磁控电阻器，是一种对磁场敏感的半导体元件，它可以将磁感应信号转变为电信号。磁敏电阻器在电路中用字母"RM"或"R"表示，图 1-26 是其外形及电路图形符号。

（a）　　　　　　　　　　　　　　　（b）

图 1-26　磁敏电阻外形及电路图形符号

（a）外形；（b）电路图形符号

磁敏电阻器的主要参数如下。

1）磁阻比。磁阻比是指在某一规定的磁感应强度下，磁敏电阻器的阻值与零磁感应强度下的阻值之比。

2）磁阻系数。磁阻系数是指在某一规定的磁感应强度下，磁敏电阻器的阻值与其标称电阻值之比。

3）磁阻灵敏度。磁阻灵敏度是指在某一规定的磁感应强度下，磁敏电阻器的电阻值随磁感应的相对变化率。

4　湿敏电阻器

湿敏电阻器是一种对环境湿度敏感的元件，它的电阻值能随着环境的相对湿度变化而变化。湿敏电阻器在电路中的文字符号用字母"R"或"RS"表示，图 1-27 是其电路图形符号及外形。

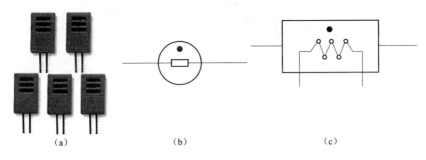

图 1-27　湿敏电阻器外形及电路图形符号

（a）外形；（b）新图形符号；（c）旧图形符号

相对湿度是湿敏电阻器的主要参数，是指在某一温度下，空气中所含水蒸气的实际密度与同一温度下饱和密度之比，通常用"RH"表示。例如，20％RH，则表示空气相对湿度为 20％。

（1）湿敏电阻的参数。

1）湿度温度系数。湿度温度系数是指在环境湿度恒定时，湿敏电阻器在温度变化 1℃时，其湿度指示的变化量。

2）灵敏度。灵敏度是指湿敏电阻器检测湿度时的分辨率。

3）测湿范围。测湿范围是指湿敏电阻器的湿度测量范围。

4）湿滞效应。湿滞效应是指湿敏电阻器在吸湿和脱湿过程中电气参数表现的滞后现象。

5）响应时间。响应时间是指湿敏电阻器在湿度检测环境快速变化时，其电阻值的变化情况（反应速度）。

（2）湿敏电阻器的检测代换。在用万用表检测时，选择 $R\times1k$ 挡测其阻值，一般为 $1k\Omega$ 左右，若阻值远大于 $1k\Omega$，说明湿敏电阻器不能再使用。湿敏电阻器损坏后，应选用同型号的进行更换，否则将降低电路的测试性能。

5 压敏电阻器

压敏电阻器简称 VSR，是一种对电压敏感的非线性过电压保护半导体元件。压敏电阻器在电路中用文字符号"RV"或"R"表示，其外形及电路图形符号如图 1-28 所示。

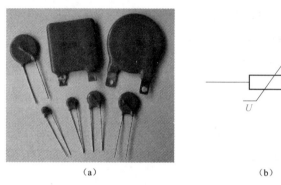

（a） 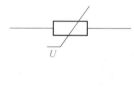（b）

图 1-28 压敏电阻器外形及电路图形符号
（a）外形；（b）电路图形符号

（1）压敏电阻器的参数。压敏电阻器的主要参数如下。

1）标称电压。是指通过 1mA 直流电流时，压敏电阻器两端的电压值。

2）电压比。是指压敏电阻器的电流为 1mA 时产生的电压值与压敏电阻器的电流为 0.1mA 时产生的电压值之比。

3）最大限制电压。是指压敏电阻器两端所能承受的最高电压值。

4）残压比。流过压敏电阻器的电流为某一值时，在它两端所产生的电压称为这一电流值的残压。残压比则是残压与标称电压之比。

5）漏电流（等待电流）。是指压敏电阻器在规定的温度和最大直流电压下，流过压敏电阻器的电流。

6）电压温度系数。是指在规定的温度范围内，压敏电阻器标称电压的变化率。

7）电流温度系数。是指在压敏电阻器的两端电压保持恒定时，温度改变 $1℃$ 时，流过压敏电阻器电流的相对变化。

8）电压非线性系数。是指压敏电阻器在给定的外加电压作用下，其静态电阻值与动态电阻值之比。

（2）压敏电阻器的选用。压敏电阻器主要应用于各种电子产品的过电压保护电路中，它有多种型号和规格。所选压敏电阻器的主要参数必须符合应用电路的要求，尤其是标称电压要准确。标称电压过高，压敏电阻器起不到过电压保护作用；标称电压过低，压敏电阻器容易误动作或被击穿。

（3）压敏电阻器的检测。

1）测量绝缘电阻。用万用表的 $R\times 1k$ 挡测量压敏电阻器两引线之间的正、反向绝缘电阻，均应为无穷大，否则，说明压敏电阻器的漏电流大。若所测得的绝缘电阻很小，说明压敏电阻器已损坏，不能使用。

2）测量标称电压。测量电路如图 1-29 所示，利用绝缘电阻表（兆欧表）提供测试电压，使用两只万用表，一只用直流电压挡读出 U_1（mV），另一只用直流电流挡读出 I_1（mA）。然后调换压敏电阻器引线位置，用同样方法可读出 U_1'（mV）和 I_1'（mA）。所测值应满足 $U_1(\text{mV})\approx|U_1'(\text{mV})|$，否则说明压敏电阻器的对称性不好。

（4）压敏电阻器的代换。压敏电阻器损坏后，应更换与其型号相同的压敏电阻器或用与其参数相同的其他型号压敏电阻器来代换。代换时，不能任意改变压敏电阻器的标称电压及通流容量，否则会失去保护作用，甚至会被烧毁。

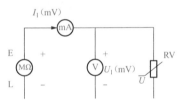

图 1-29　检测压敏电阻的标称电压

第二节　电　容　器

细节 5：电容器种类及特点

电容器简称电容，顾名思义，就是"储存电荷的容器"，故电容器具有储存一定电荷的能力。

尽管电容器品种繁多，但它们的基本结构和原理是相同的。两片相距很近的金属中间被绝缘物质（固体、气体或液体）所隔开，就构成了电容器。两片金属称为极板，中间的绝缘物质叫作介质。电容器只能通过交流电而不能通过直流电，即"隔直通交"，因此，常用于振荡电路、调谐电路、滤波电路、旁路电路和耦合电路中。

1 电容器的分类

按电容量是否可调，电容器分为固定电容器和可变电容器两大类。

（1）固定电容器。固定电容器包括无极性电容器和有极性电容器，外形如图 1-30所示。按介质材料不同，固定电容器又有许多种类，如图 1-31 所示，电容器的文字符号为"C"，图形符号如图 1-32 所示。

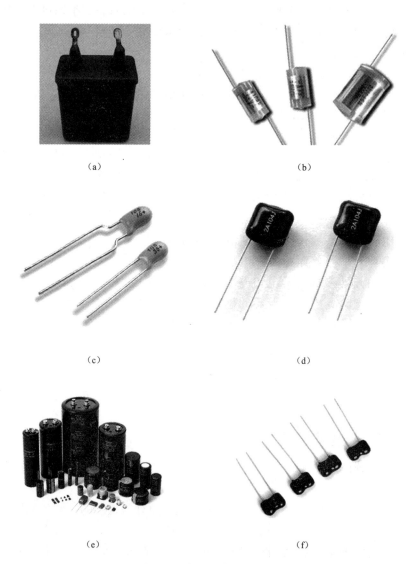

（a）

（b）

（c）

（d）

（e）

（f）

图 1-30　常见电容器的外形

（a）金属化纸介质电容器；（b）聚苯乙烯电容器（又称 PP 电容器）；（c）玻璃釉电容器；

（d）涤沦电容器；（e）铝电解电容器；（f）云母电容器

1）无极性固定电容器有纸介电容器、涤纶电容器、云母电容器、聚苯乙烯电容器、聚酯电容器、玻璃釉电容器及瓷介电容器等。

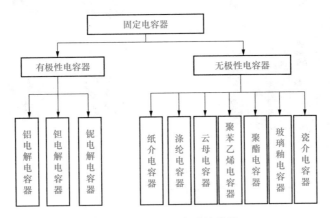

图 1-31　固定电容器的分类

2）有极性固定电容器有铝电解电容器、钽电解电容器、铌电解电容器等。

（2）可变电容器。广义的可变电容器通常包括可变电容器和微调电容器（半可变电容器）两大类，如图 1-33 所示。可变电容器适用于电容量需要随时改变的电路中；微调电容器适用于需要将电容量调整得很准确，调好后不再改变的电路中，其分类如图 1-34 所示，在电路中与固定电容器文字相同，即是 C，只是它的电路符号与固定电容器略有不同，如图 1-35 所示。

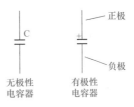

图 1-32　固定电容器的图形符号

（a）

（b）

图 1-33　可变电容器外形（一）

（a）空气介质单连可变电容器；（b）空气介质双连可变电容器

（c）   （d）

图 1-33　可变电容器外形（二）

（c）拉线微调电容器；（d）高频微调电容器

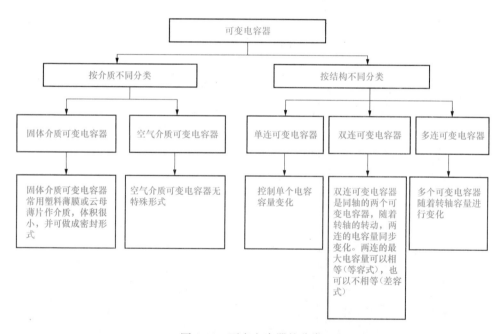

图 1-34　可变电容器的分类

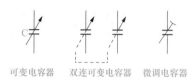

可变电容器　双连可变电容器　微调电容器

图 1-35　可变电容器的电路符号

2 电容器的特点

（1）固定电容器的特点。固定电容器的特点是隔直流通交流，即直流电流不能通过电容器，交流电流可以通过电容器。

（2）可变电容器的特点。可变电容器动片的旋转角度通常为180°，动片全部旋入定片时容量最大，全部旋出时容量最小。按容量随动片旋转角度变化的特性，可变电容器可分为直线电容式、直线频率式、对数式等，如图1-36所示。

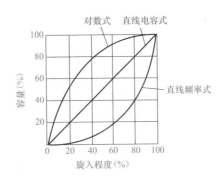

图1-36　可变电容器的特点

3 电容器的命名规则

电容器的型号命名由4部分组成，如图1-37所示。

第一部分用字母"C"表示电容器的主称。

第二部分用字母表示电容器的介质材料，介质材料字母代号含义见表1-13。

第三部分用数字或字母表示电容器的类别，类别代号见表1-14。

第四部分用数字表示序号。

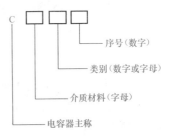

图1-37　电容器的命名规则

表1-13　　　　　　　　电容器介质材料代号含义对照

字母代号	介质材料	字母代号	介质材料
A	钽电解	L	聚酯
B	聚苯乙烯	N	铌电解
C	高频陶瓷	O	玻璃膜
D	铝电解	Q	漆膜
E	其他材料电解	T	低频陶瓷
G	合金电解	V	云母纸
H	纸膜复合	Y	云母
I	玻璃釉	Z	纸介
J	金属化纸质		

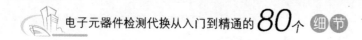

表 1-14 　　　　　　　　　　　　**电容器类别代号含义对照**

代号	瓷介电容	云母电容	有机电容	电解电容
1	圆形	非密封	非密封	箔式
2	管形	非密封	非密封	箔式
3	叠片	密封	密封	非固体
4	独石	密封	密封	固体
5	穿心		穿心	
6	支柱等			
7				无极性
8	高压	高压	高压	
9			特殊	特殊
G	高功率型			
J	金属化型			
Y	高压型			
W	微调型			

 细节 6：电容器性能参数

电容器的主要参数有电容量和耐压。

1　电容量

电容器储存电荷的能力叫作电容量，简称容量，基本单位是法拉，简称法（F）。由于法拉作单位在实际运用中往往显得太大，所以常用微法（μF）、纳法（nF）和皮法（pF）作为单位。

它们之间的换算关系是：$1F=10^6 \mu F$，$1mF=1000nF$，$1nF=1000pF$。

电容器上容量的标示方法常见的有以下两种。

（1）直标法，即将容量数值直接印刷在电容器上，如图 1-38 所示。例如，100pF 的电容器上印有"100"字样，0.01μF 的电容器上印有"0.01"字样，2.2μF 的电容器上印有"2.2μ"或"2μ2"字样，33μF 的电容器上印有"33μF"字样。有极性电容器上还印有极性标志。

图 1-38　直标法

（2）数码表示法，一般用3位数字表示容量的大小，其单位为pF。3位数字中，前两位是有效数字，第3位是倍乘数，即表示有效数字后有多少个"0"，如图1-39所示。倍乘数的标示数字所代表的含义见表1-15，标示数为0~8时分别表示$10^0 \sim 10^8$，为9时则表示10^{-1}。例如，103表示$10 \times 10^3 = 10000pF = 0.01mF$，229表示$22 \times 10^{-1} = 2.2pF$。

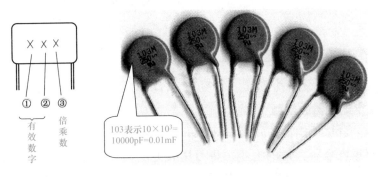

图1-39 数码表示法

表 1-15 电容器倍乘数含义对照

标示数字	倍乘数	标示数字	倍乘数
0	$\times 10^0$	5	$\times 10^5$
1	$\times 10^1$	6	$\times 10^6$
2	$\times 10^2$	7	$\times 10^7$
3	$\times 10^3$	8	$\times 10^8$
4	$\times 10^4$	9	$\times 10^{-1}$

2 耐压

耐压是电容器的另一主要参数，表示电容器在连续工作中所能承受的最高电压。耐压值一般直接印在电容器上，如图1-38所示。也有一些体积很小的小容量电容器不标示耐压值。

电路图中对电容器耐压的要求一般直接用数字标出，不作标示的可根据电路的电源电压选用电容器。使用中应保证加在电容器两端的电压不超过其耐压值，否则将会损坏电容器。

3 其他参数

除主要参数外，电容器还有一些其他参数指标。但在实际使用中，一般只考虑容量和耐压，只是在有特殊要求的电路中，才考虑容量误差、高频损耗等参数。

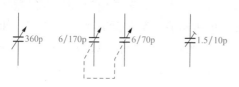

图 1-40　电路中的参数标志

以上的参数主要针对固定电容器，对于可变电容器，它的主要参数是最大电容量，一般直接标示在可变电容器上。

在电路图中，可以只标注出最大容量，如"360p"；也可以同时标注出最小容量和最大容量，如"6/170p"、"1.5/10p"，如图 1-40 所示。

 细节 7：电容器的选用及检测

电容器的选用及检测仍以电容器容量是否可调分类，具体所述如下。

① 固定电容器的检测

电容器的好坏可用指针万用表的电阻挡检测。

（1）根据电容器容量的大小，将万用表上的挡位旋钮转到适当的"Ω"挡位。例如，100mF 以上的电容器用"$R×100$"挡，1～100mF 电容器用"$R×1k$"挡，1mF 以下的电容器用"$R×10k$"挡，如图 1-41 所示。

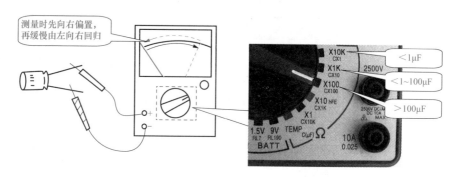

测量时先向右偏置，再缓慢由左向右回归

<1μF
<1～100μF
>100μF

图 1-41　用指针万用表检测固定电容器

（2）用万用表的两表笔（不分正、负）分别与电容器的两引线相接，在刚接触的一瞬间，表针应向右偏转，然后缓慢向左回归，如图 1-41 所示。对调两表笔后再测，表针应重复以上过程。电容器容量越大，表针右偏就越大，向左回归也越慢。

如果万用表表针不动，说明该电容器已断路损坏，如图 1-42 所示。如果表针向右偏转后不向左回归，说明该电容器已短路损坏，如图 1-43 所示。如果表针向右偏转然后向左回归稳定后，阻值指示小于 500kΩ，如图 1-44 所示，说明该电容器绝缘电阻太小，漏电流较大，也不宜使用。

（3）对于容量小于 0.01mF 的电容器，由于充电电流极小，几乎看不出表针右偏，因此只能检测其是否短路。

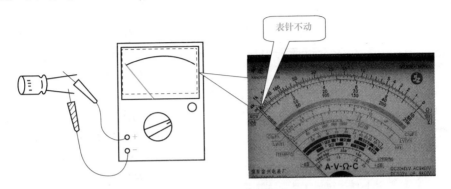

图 1-42 电容器断路损坏

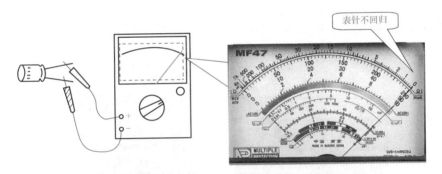

图 1-43 电容器短路损坏

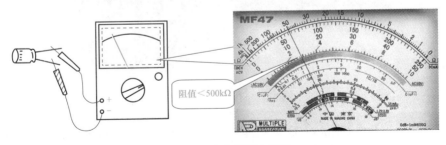

图 1-44 电容器漏电严重

（4）对于正负极标志模糊不清的电解电容器，可用测量其正、反向绝缘电阻的方法，判断出其引脚的正、负极。具体方法是：用万用表"$R \times 1k$"挡测出电解电容器的绝缘电阻，再将红、黑表笔对调后测出第二个绝缘电阻。

两次测量中，绝缘电阻较大的那一次，黑表笔（与万用表中电池正极相连）所接为电解电容器的正极，红表笔（与万用表中电池负极相连）所接为电解电容器的负极，如图 1-45 所示。

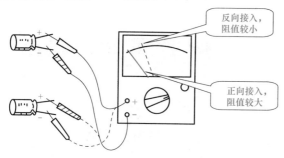

反向接入，阻值较小

正向接入，阻值较大

图 1-45　判断电容器的负极

数字万用表因为专设了电容挡，所以检测起来更为方便，尤其是电容器容量较小的。

（1）如图 1-46 所示，将数字万用表上挡位旋钮转到适当的"F"挡位。一般测量 2000pF 以下电容器可选"2nF"挡，2000pF～19.99nF 电容器可选"20nF"挡，20～199.9nF 电容器可选"200nF"挡，200nF～1.999mF 电容器可选"2mF"挡，2～19.99mF电容器可选"20mF"挡。

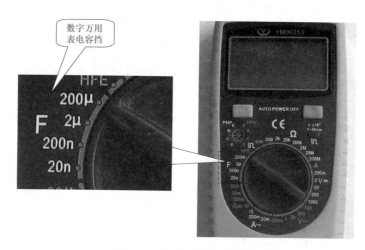

数字万用表电容挡

图 1-46　数字万用表电容挡

（2）将被测电容器插入数字万用表上的"CX"插孔，如图 1-47 所示，LCD 即显示出被测电容器 C 的容量。如显示"000"（短路）、仅最高位显示"1"（断路）或显示值与电容器上标示值相差很大，则说明该电容器已损坏。

❷ 可变电容器的检测

可变电容器可用万用表的电阻挡进行检测，主要检测其是否有短路现象。

检测时万用表置于"$R×1k$"或"$R×10k$"挡，如图 1-48 所示。

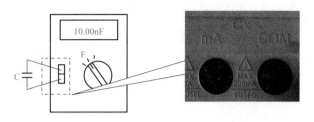

图 1-47　数字万用表上的 CX 插孔

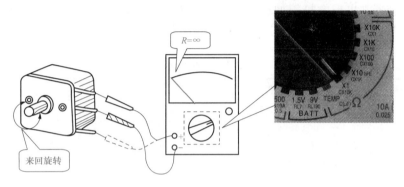

图 1-48　可变电容器的检测

将万用表两表笔（不分正、负）分别与可变电容器的两端引线可靠相接，然后来回旋转可变电容器的旋柄，万用表指针均应不动，如图 1-48 所示。如旋转到某处指针摆动，说明可变电容器有短路现象，不能使用。对于双连可变电容器，应对每一连分别进行检测。

3 电容器的代换

电容器损坏后，原则上应使用与其类型相同、主要参数相同、外形尺寸相近的电容器来更换，但若找不到同类型电容器，也可用其他类型的电容器代换。

（1）纸介电容器损坏后，可用与其主要参数相同，但性能更优的有机薄膜电容器或低频瓷介电容器代换。

（2）玻璃釉电容器或云母电容器损坏后，也可用与其主要参数相同的瓷介电容器代换。

（3）用于信号耦合、旁路的铝电解电容器损坏后，也可用与其主要参数相同，但性能更优的钽电解电容器代换。

（4）电源滤波电容器和退耦电容器损坏后，可以用较其容量略大、耐压值与其相同（或高于原电容器耐压值）的同类型电容器更换。

可以用耐压值较高的电容器代换容量相同，但耐压值低的电容器。

 细节 8：电容器的焊接调试

电容器常出现的故障如裂纹、爆浆等损坏现象，一旦出现此现象则必须更换，其基本更换信息见表 1-16，更换过程如下。

表 1-16 基本信息

拆解电器	更换元件	所用工具
供电电源	低压电容器	电烙铁、焊锡、吸锡器、尖嘴钳、万用表及螺丝刀等

（1）在此例中我们以更换低压电容器为例，首先拆解故障电源，如图 1-48 所示，找出故障电容。

图 1-49 拆解故障电源

（2）找到故障电容器，将其翻到引脚面，用电烙铁与吸锡器将其拆下，操作如图 1-50 所示。

（3）根据固定电容器更换原则，找到与其相匹配的电容，将其安装在刚刚拆解电容器后的引脚拖，如图 1-51 所示，此处更换的电容器体积较小，所以我们使用尖嘴钳夹住电容器。

吸锡器

电烙铁

图 1-50　拆解故障电容器

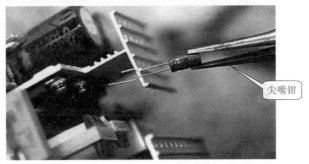

尖嘴钳

图 1-51　用尖嘴钳夹住电容器

　　值得注意的是，要注意更换电容器的极性，否则容易烧坏电容器。

　　（4）焊接。利用电烙铁，将电容器焊接在电路板上，焊接完成后，剪断过长的引脚，如图 1-52 所示。

过长的电容器引脚

图 1-52　焊接好的电容引脚

（5）通电试机实际上，电阻器、电感器及变压器的焊接方法都跟电容器类似，无非就是拆卸、安装的过程，但在焊接时，其焊点的大小及焊点的形成是一项熟能生巧的技术活，所以要多次训练、反复焊接是学习的途径，这样才有可能避免有因焊接的原因而造成的故障。

> 电阻器、电容器以及接下来将要讲到的电感器，焊接方法类似，所以在焊接电阻器电感器时，可以借鉴电容器的焊接。

第三节 电 感 器

细节9：电感器种类及特点

电感器是储存磁能的元件，通常简称电感，是常用的基本电子元件之一。其外形如图 1-53 所示，电感器的文字符号为"L"，图形符号如图 1-54 所示。电感器的应用范围很广泛，它在调谐、振荡、耦合、匹配、滤波、陷波、延迟、补偿及偏转等电路，都是必不可少的。由于用途、工作频率、功率、工作环境不同，对电感器的基本参数和结构形式就有不同的要求，从而导致电感器的类型和结构的多样化。

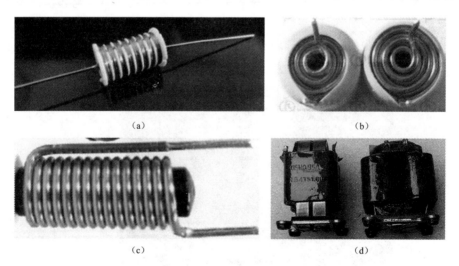

(a)

(b)

(c)

(d)

图 1-53　电感器线圈的外形（一）

（a）空心单层电感器；（b）空心多层电感器；（c）磁心线圈；（d）低频阻流圈

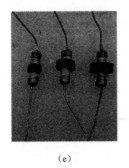

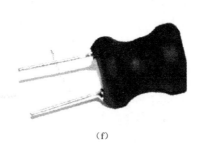

(e)　　　　　　　　　　　　　　(f)　　　　　　　　　　　　　(g)

图 1-53　电感器线圈的外形（二）

(e) 高频阻流圈；(f) 蜂房式工字线圈；(g) 固定电感

1　电感器的分类

电感器种类繁多，形状各异，通常可分为固定电感器、可变电感器、微调电感器三大类。

（1）按其采用材料不同，电感器可分为空心电感器、磁心电感器、铁心电感器、铜心电感器等。

（2）按用途可分为：固定电感器，包括立式固定电感器、卧式固定电感器、片状固定电感器等；阻流圈，包括高频阻流圈、低频阻流圈、电源滤波器等；偏转线圈，包括行偏转、场偏转等；振荡线圈，包括中波本振、短波本振、调频本振、行振荡、场振荡线圈等，如图 1-55 所示。

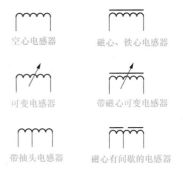

图 1-54　电感器的图形符号

（3）固定电感器是一种通用性强的系列化产品，线圈（往往含有磁心）被密封在外壳内，具有体积小、质量轻、结构牢固、电感量稳定和使用安装方便的特点。

> 线圈装有磁心或铁心，可以增加电感量，一般磁心用于高频场合，铁心用于低频场合。线圈装有铜心，则可以减小电感量。

2　电感器的特点

电感器的特点是通直流阻交流。直流电流可以无阻碍地通过电感器，而交流电流通过时则会受到很大的阻力。

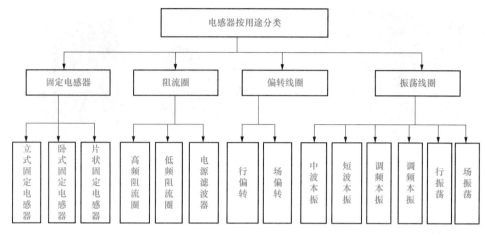

图 1-55　电感器按用途分类

3 电感器的命名

电感器的型号命名一般由 4 部分组成，如图 1-56 所示。

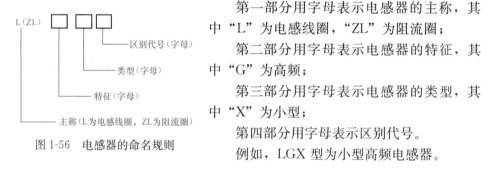

图 1-56　电感器的命名规则

第一部分用字母表示电感器的主称，其中"L"为电感线圈，"ZL"为阻流圈；

第二部分用字母表示电感器的特征，其中"G"为高频；

第三部分用字母表示电感器的类型，其中"X"为小型；

第四部分用字母表示区别代号。

例如，LGX 型为小型高频电感器。

细节 10：电感器性能参数

电感器的主要参数是电感量和额定电流。

1 电感量

电感量的基本单位是亨利，简称亨，用字母"H"表示。在实际应用中，一般常用毫亨（mH）或微亨（μH）作单位。它们之间的相互关系是：1H＝1000mH，1mH＝1000μH。

电感器上电感量的标示方法有以下两种。

（1）直标法，即将电感量直接用文字印刷在电感器上，如图 1-57 所示。

图 1-57　电感量直标法

（2）色标法，即用色环表示电感量，其单位为 mH。色标法如图 1-58 所示，第一、二环表示两位有效数字，第三环表示倍乘数，第四环表示允许偏差。各色环颜色的含义与色环电阻器相同。

图 1-58　电感量色标法

❷ 额定电流

额定电流是指电感器在正常工作时所允许通过的最大电流。额定电流一般以字母表示，并直接印在电感器上，字母的含义见表 1-17。使用中，电感器的实际工作电流必须小于额定电流，否则电感器线圈将会严重发热甚至烧毁。

表 1-17　　　　　　　　　　电感器额定电流代号含义对照

字母代号	额定电流	字母代号	额定电流
A	50mA	D	700mA
B	150mA	E	1.6A
C	300mA		

❸ 其他参数

电感器还有品质因数（Q 值）、分布电容等参数，在对这些参数有要求的电路中，选用电感器时必须予以考虑。部分国产固定电感器的型号和参数见表 1-18。

表 1-18 　　　　　　　部分国产固定电感器的型号和参数对照

型　号	电感量（μH）	额定电流（mA）	Q 值
LG400	1～82000	50～150	
LG402			
LG404			
LG406			
LG408	1～5600	50～250	30～60
LG410			
LG412			
LG414			
LG1	0.1～22000	A	40～80
	0.1～10000	B	40～80
	0.1～1000	C	45～80
	0.1～560	D、E	40～80
LG2	1～22000	A	7～46
	1～10000	B	3～34
	1～1000	C	13～24
	1～560	D	10～12
	1～560	E	6～12
LF12DR01	39＋10％	600	
LF10DR01	150±10％	800	
LF8DR01	6.12～7.48		＞60

 细节 11：电感器的选用及检测

1 **电感器的选用**

选用电感器时，首先考虑其性能参数（如电感量、额定电流、品质因数等）及外形尺寸是否符合要求。

（1）小型固定电感器与色码电感器、色环电感器之间，只要电感量额定电流相同，外形尺寸相近，就可以直接代换使用。

（2）半导体收音机中的振荡线圈，虽然型号不同，但只要其电感量、品质因数及频率范围相同，也可以相互代换。例如，振荡线圈 LTF-1-1 可以与 LTF-3、

LTF-4 之间直接代换。电视机中的行振荡线圈，应尽可能选用同型号、同规格的产品，否则会影响其安装及电路的工作状态。

（3）偏转线圈一般与显像管及行、场扫描电路配套使用。但只要其规格、性能参数相近，即使型号不同，也可相互代换。

2 电感的测量

（1）检测电感器线圈。将万用表置于"$R \times 1$"挡，两表笔（不分正、负）与电感器的两引脚相接，表针指示应接近为"0"Ω，如图 1-59 所示。如果表针不动，说明该电感器内部断路；如果表针指示不稳定，说明电感器内部接触不良。

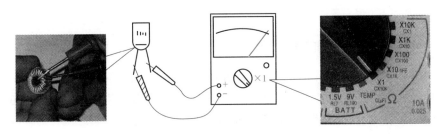

图 1-59　检测电感器线圈

对于电感量较大的电感器，由于其线圈圈数相对较多，直流电阻相对较大，则万用表指示应有一定的阻值，如图 1-60 所示。如果表针指示为"0"Ω，说明该电感器内部短路。

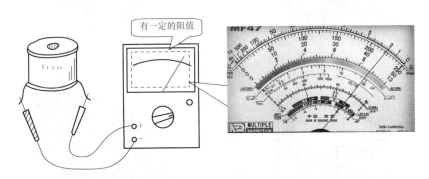

图 1-60　检测电感量较大的电感器

（2）用电感挡测量电感。有些万用表具有测量电感的功能，如 MF47 型万用表，测量范围为 20～1000H，如图 1-60 所示。

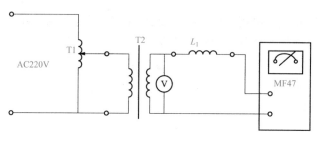

图 1-61　用 MF47 型万用表测量电感

第四节　变压器

 细节 12：变压器的种类及特点

　　变压器是变换电压、电流和阻抗的元件，主要由铁心或磁心和线圈两部分组成，它是一种常用元器件，其种类繁多，大小形状千差万别，外形如图 1-61 所示，变压器的文字符号为"T"，图形符号如图 1-62 所示。

（a）　　　　　　　　　　　　　　（b）

（c）　　　　　　　　　　　　　　（d）

图 1-62　变压器的外形（一）

（a）中频变压器；（b）高频变压器；（c）脉冲变压器；（d）音频变压器

（e）

图 1-62　变压器的外形（二）

（e）电源变压器

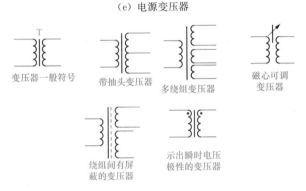

图 1-63　变压器的图形符号

1　变压器的分类

根据工作频率不同，变压器可分为电源变压器、音频变压器、中频变压器和高频变压器四大类，如图 1-64 所示。

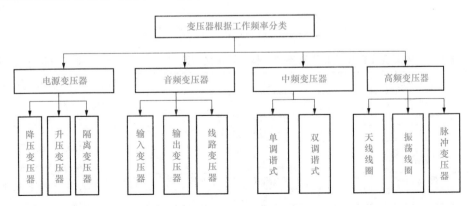

图 1-64　变压器的分类

51

电源变压器包括降压变压器、升压变压器、隔离变压器等。音频变压器包括输入变压器、输出变压器、线路变压器等。中频变压器包括单调谐式和双调谐式等。收音机中的天线线圈、振荡线圈以及电视机天线阻抗变换器、行输出等脉冲变压器都属于高频变压器。

根据结构与材料的不同，变压器又可分为铁心变压器、固定磁心变压器、可调磁心变压器等。铁心变压器适用于低频，磁心变压器更适合于高频。

2 变压器的特点

变压器的特点是传输交流隔离直流，并同时实现电压变换、阻抗变换和相位变换。变压器各绕组线圈间互不相通，但交流电压可以通过磁场耦合进行传输。

变压器与电感器一样都是由线圈构成的。不同的是，电感器只有 1 个线圈，而变压器至少具有 2 个线圈。

3 变压器的命名规则

变压器型号的命名方法尚无统一的标准，不同生产厂家命名方法也不一致。下面介绍几种常见的命名方法。

（1）电源变压器和音频变压器的型号命名方法。电源变压器和音频变压器的型号由三部分组成，如图 1-65 所示。

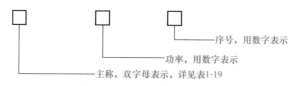

图 1-65 电源变压器和音频变压器的型号命名方法

表 1-19 电源变压器和音频变压器的主称代号含义对照

字 母	意 义
DB	电源变压器
RB	音频输入变压器
CB	音频输出变压器
GB	高压变压器
HB	灯丝变压器
SB 或 ZB	音频（电阻式）输送变压器
SB 或 EB	音频（定压式或自耦式）输送变压器

第一部分是主称：用双字母表示，见表 1-19

第二部分是功率：用数字表示，单位是 W 或 V·A。

第三部分是序号：用数字表示。

（2）调幅收音机的中频变压器型号命名方法。

中频变压器的调幅收音机型号由三部分组成，如图1-66所示。

序号，用数字表示，用1、2、3、7、8表示

外形尺寸，用数字表示

主称，用字母表示，详见表1-20

图 1-66　中频变压器（收音机）型号命名方法

第一部分是主称：用字母表示名称、特征与用途，见表 1-20。

第二部分是外形尺寸：用数字表示，见表 1-20。

表 1-20　　　　　中频变压器（收音机）型号的主称代号和尺寸对照

主　　称		尺　　寸	
代号	名称、特征、用途	代号	外形尺寸（mm）
T	中频变压器	1	7×7×7
L	线圈或振荡线圈	2	10×10×14
T	磁性瓷心式	3	12×12×16
F	调幅收音机用	4	20×25×36
S	短波段		

第三部分是序号：用数字表示，1、2、3 分别表示单调谐的第 1 级、第 2 级、第 3 级中频变压器。7、8 表示电容耦合双调谐的两个中频变压器。

例如，TTF-2-9 表示收音机用的磁性瓷心式中频变压器，外形尺寸为 10mm×10mm×14mm，第 3 级中频变压器。

（3）电视机中频变压器的型号命名方法。电视机中频变压器的型号由四部分组成，如图 1-67 所示。

用数字表示

用数字表示调节方式，2为调磁帽式，3为调螺杆式

用双字母表示名称和用途

主称用数字表示底座尺寸

图 1-67　中频变压器（电视机）型号命名方法

第一部分用数字表示底座尺寸，如 10 表示 10mm×10mm。

第二部分用双字母表示名称和用途，第一个字母 T 表示中频变压器，第二个字母 L、V、S、P 分别表示线圈、图像回路、伴音回路、调频收音机。

第三部分用数字表示调节方式，2 为调磁帽式，3 为调螺杆式。

第四部分用数字表示。

例如，10TV315 表示调螺杆式图像中频变压器，底座尺寸为 10mm×10mm，序号是 15。

 细节 13：变压器的性能参数

变压器的主要参数有工作频率、额定功能、额定电压、电压比 n、空载电流、空载损耗和效率等。

1 工作频率

变压器铁心损耗与频率关系很大，故变压器应根据使用频率来设计和使用，这种频率称工作频率。

2 额定功率

在规定的频率和电压下，变压器能长期工作而不超过规定温升的输出功率称额定功率。由于变压器的负载不一定是电阻性的，故也常用伏·安（V·A）来表示变压器的容量。

3 额定电压

在变压器的线圈上所允许施加的电压称额定电压。工作时不得大于规定值。

4 电压比 n

变压器二次电压和一次电压的比值称电压比。电压比有空载电压比和负载电压比的区别，前者指不接负载时的电压比，后者指接负载后温升到额定值时的电压比。中、小功率的电源变压器的负载电压比低于空载电压比约百分之几到百分之十几。

5 空载电流

变压器二次开路时，一次仍有一定的电流，这部分电流称为空载电流。空载电流由磁化电流（产生磁通）和铁损电流（由铁心损耗引起）组成。对于 50Hz电源变压器而言，空载电流基本上等于磁化电流。

6 空载损耗

变压器二次开路时，在一次测得的功率称空载损耗。它的主要部分是铁心损耗，其次是空载电流在一次线圈铜阻上产生的损耗，也称铜损（这部分损耗很小）。

（1）铜损：变压器的绕组是用漆包线绕制的，由于导体存在着电阻，电流通过时就会因发热而损耗一部分电能。

（2）铁损：包括磁滞损失和涡流损失。

7　效率 η

变压器的效率 η 是指在额定负载时，变压器的输出功率 P_1 与其输入功率 P_2 之比。其计算公式如下：

$$\eta = \frac{P_2}{P_1} \times 100\% = \frac{P_2}{P_2 + P_{Cu} + P_{Fe}} \times 100\%$$

变压器的效率与变压器的功率等级也有密切关系。功率越大，效率也越高。它们之间的关系见表 1-21。

表 1-21　　　　　　　　变压器的额定功率和效率关系对照

额定功率（W）	<10	10～30	30～50	50～100	100～200	>200
效率（%）	60～70	70～80	80～85	85～90	90～95	>95

 细节 14：变压器的选用及检测

1　变压器的选用代换

一般电源电路，可选用"E"形铁心电源变压器。若是高保真音频功率放大器的电源电路，则应选用"C"形变压器。

对于铁心材料、输出功率、输出电压相同的电源变压器，通常可以直接互换使用。

中频变压器有固定的谐振频率，调幅收音机中的中频变压器与调频收音机中的中频变压器、电视机的中频变压器之间也不能互换使用，电视机中的伴音中频变压器与图像中频变压器之间也不能互换使用。选用中频变压器时，最好选用同型号、同规格的中频变压器，否则很难正常工作。在选择时，还应对其各绕组进行检测，看是否有断线或短路。

比如收音机中某只中频变压器损坏后，若无同型号中频变压器更换，则只能用其他型号的成套中频变压器（一般为 3 台）代换该机的整套中频变压器。代换安装时，某一级中频变压器的顺序不能装错，也不能随意调换。

2　变压器的检测

变压器可以用万用表进行基本检测。

（1）检测绕组线圈。检测时用万用表"$R \times 1$"挡测量各绕组线圈，应有一定的电阻值，如图 1-68 所示。如果表针不动，说明该绕组内部断路；如果阻值为 0，说明该绕组内部短路。

（2）检测绝缘电阻。用万用表"$R×1k$"或"$R×10k$"挡，测量每两个绕组线圈之间的绝缘电阻，均应为无穷大，如图 1-69 所示。测量每个绕组线圈与铁心之间的绝缘电阻，也均应为无穷大，如图 1-70 所示；否则，说明该变压器绝缘性能太差，不能使用。

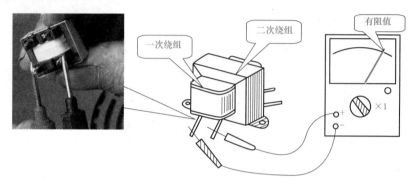

图 1-68　检测绕组线圈

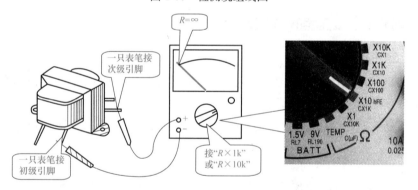

图 1-69　检测线圈间的电阻

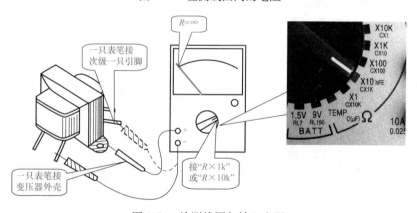

图 1-70　检测线圈与铁心电阻

细节 15：变压器的焊接调试

由前面的学习可以知道，变压器内部由多个线圈构成，每多一个线圈在变压器外部就会多出一对引脚（或称接线），若要确定变压器是否有故障首先应将其拆卸，其基本更换工具见表 1-22，其过程如下。

表 1-22　　　　　　　　　　　　　更换信息

拆解电器	更换元件	所用工具
电磁炉驱动板	电源变压器	电烙铁、焊锡、吸锡器、尖嘴钳、螺丝刀等

（1）将电器拆解，找到故障（或怀疑故障）的变压器，如图 1-71 所示。

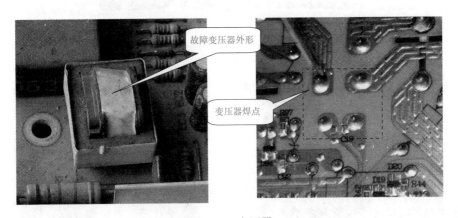

图 1-71　变压器

　　由图 1-68 我们可以看出，该变压器有 4 个引脚，也就是说该变压器内部具有 2 个线圈。

（2）用电烙铁对引脚加热，如图 1-72 所示，并用吸锡器吸取焊锡，然后就可以将一个引脚焊开，其他 3 个引脚与此操作相同。

（3）将拆解下的变压器进行检测，如图 1-73 所示，测量绕组电阻和绕组对铁心的电阻，看其是否有故障。

（4）根据其阻值判断变压器是否有故障，若有故障应更换，然后将其装复到位，安装操作是拆卸的逆操作，此处不再赘述。

图 1-72 拆卸变压器

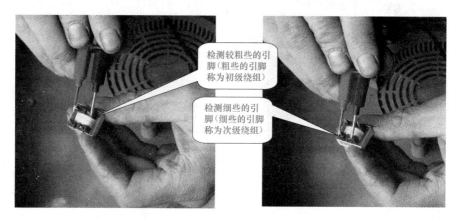

图 1-73 检测变压器的绕组电阻

第二章

通用半导体器件检测代换技能

本章所介绍的通用半导体器件几乎应用于所有的电路中，是电子电路学习的基础。本章从分类着手，详细介绍通用半导体器件的特点、选用及检测方法。

第一节　晶　体　二　极　管

细节 16：晶体二极管的种类及特点

晶体二极管又叫半导体二极管，是半导体器件中最基本的一种器件。几乎在所有的电子电路中，都要用到晶体二极管，它在许多电路中起着重要的作用，是最早的半导体器件之一。

① 晶体二极管的分类

晶体二极管的种类很多，形状大小各异，仅从外观上看，较常见的有玻壳二极管、塑封二极管、金属壳二极管、大功率螺栓状金属壳二极管、微型二极管、片状二极管等，如图 2-1 所示。

晶体二极管按其制造材料的不同，可分为锗二极管和硅二极管两大类，每一类又分为 N 型和 P 型；按其制造工艺不同，可分为点接触型二极管和面接触型二极管，如图 2-2 所示。

晶体二极管按功能与用途不同，可分为一般晶体二极管和特殊晶体二极管两大类，如图 2-3 所示。一般晶体二极管包括检波二极管、整流二极管、开关二极管等。特殊晶体二极管主要有稳压二极管、敏感二极管（磁敏二极管、温度效应二极管、压敏二极管等）、变容二极管、发光二极管、光电二极管、激光二极管等。

值得注意的是，在没有特别说明的情况下，晶体二极管指一般晶体二极管。

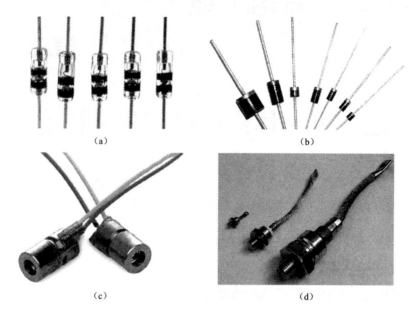

图 2-1　晶体二极管的外形

（a）玻壳二极管；（b）塑封二极管；（c）金属壳二极管；（d）大功率螺栓状金属壳二极管

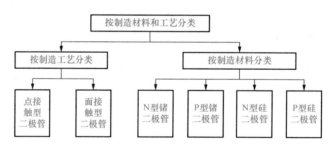

图 2-2　按制作材料与工艺分类

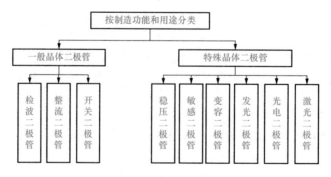

图 2-3　按功能与用途分类

2 晶体二极管的特点

（1）单向导电特性。晶体二极管的特点是具有单向导电特性。一般情况下只允许电流从正极流向负极，而不允许电流从负极流向正极，图 2-4 形象地说明了这一点。

（2）非线性特性。晶体二极管是非线性半导体器件。电流正向通过二极管时，要在 PN 结上产生管压降 U_{VD}，锗二极管的正向管压降约为 0.3V，如图 2-5 所示；硅二极管的正

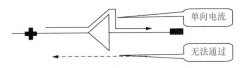

图 2-4　晶体二极管的单向导电性

向管压降约为 0.7V，如图 2-6 所示。另外，硅二极管的反向漏电流比锗二极管小得多。从伏安特性曲线可见，二极管的电压值与电流值呈非线性关系。

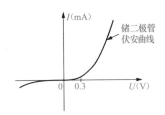

图 2-5　锗二极管的正向管压降

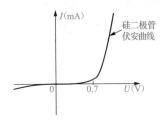

图 2-6　硅二极管的正向管压降

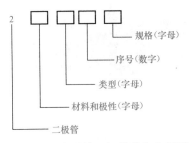

图 2-7　国产晶体二极管的命名规则

3 晶体二极管的命名规则

国产晶体二极管的型号命名由 5 部分组成，如图 2-7 所示。

第一部分用数字"2"表示二极管。

第二部分用字母表示材料和极性，晶体二极管的材料和极性对照见表 2-1。

表 2-1　　　　　　　　　　　晶体二极管型号意义对照

第一部分	第二部分	第三部分	第四部分	第五部分
2	A：N 型锗材料	P：普通管	序号	规格（可缺）
	B：P 型锗材料	Z：整流管		
	C：N 型硅材料	K：开关管		
	D：P 型硅材料	W：稳压管		
	E：化合物	L：整流堆		

续表

第一部分	第二部分	第三部分	第四部分	第五部分
2		C：变容管	序号	规格（可缺）
		S：隧道管		
		V：微波管		
		N：阻尼管		
		U：光电管		

第三部分用字母表示类型，晶体二极管类型对照见表 2-1。

第四部分用数字表示序号。

第五部分用字母表示规格。

例如，2AP9 表示为 N 型锗材料普通二极管。

2CZ55A 表示为 N 型硅材料整流二极管；

2CK71B 表示为 N 型硅材料开关二极管。

值得注意的是，晶体二极管两引脚有正、负极之分，不同材料的二极管标识方法如图 2-8 所示。

在二极管上直接标识

负极标识

图 2-8　二极管正负标识方法

细节 17：普通二极管的选用和检测

晶体二极管的文字符号是"VD"，图形符号如图 2-9 所示。

1　晶体二极管的性能参数

晶体二极管的参数很多，常用的检波、整流二极管的主要参数有最大整流电流 I_{FM}、最大反向电压 U_{RM} 和最高工作频率 f_M。

（1）最大整流电流。最大整流电流 I_{FM} 是指二极管长期连续工作时，允许正向通过 PN 结的最大平均电流。使用中，实际工作电流应小于二极管的 I_{FM}，否则将损坏二极管。

VD

图 2-9　二极管
的图形符号

（2）最大反向电压。最大反向电压 U_{RM} 是指反向加在二极管两端而不至于引起 PN 结被击穿的最大电压。使用中应选用 U_{RM} 大于实际工作电压 2 倍的二极管。如果实际工作电压的峰值超过 U_{RM}，二极管将被击穿。

（3）最高工作频率。由于 PN 结极间电容的影响，使二极管所能应用的工作频率有一个上限。f_M 是指二极管能正常工作的最高频率。在作检波或高频整流使用时，应选用 f_M 至少 2 倍于电路实际工作频率的二极管，否则不能正常工作。

应当指出，由于受制造工艺所限，半导体作为器件其参数具有分散性，同一型号管子的参数值会有相当大的差距，因而手册上往往给出的是参数的上限值、下限值或范围。此外，使用时应特别注意手册上每个参数的测试条件，当使用长期保持与测试条件不同时，参数也会发生变化。

2 普通晶体二极管的选用

在现代电气设备的电路中，二极管应用非常广泛，一旦损坏，只有选用适当的二极管进行代换，才能保证被检修设备的使用性能。因此，在选用时应遵守以下三个原则：类型相同、特性相近、外形相似。

（1）材料和极性相同。

1）材料。即首先分清原管是锗管还是硅管，选用的二极管的材料必须与原管的材料相同。

2）型号相同。二极管的型号有多种标识方法，选用时应充分加以识别，选用实际型号应与要求一致。

（2）特性和参数相近。晶体二极管的特性主要包括特性曲线和参数两个部分。选用时，所选择管的特性应与要求管相近或优于要求管，参数应与要求相同或接近，其极限工作电压、极限工作电流及散耗功率应与要求管相同或高于。特别注意二极管的工作频率应相同或相近，不得相差太大。

（3）外形结构基本相似。外形主要是指二极管的体积的大小和引脚排列顺序。在选用时，应根据二极管各个电极引出脚的标志和尺寸的大小，选择外形基本相似的管，以便于安装。

3 二极管的检测

晶体二极管可用万用表进行引脚识别和检测。

（1）判别引脚。万用表置于"$R\times1k$"挡，两表笔分别接到二极管的两端，测量两端间的电阻。

1）如果测得二极管的电阻值较小，则为二极管的正向电阻。这时与黑表笔（表内电池正极）相连接的是二极管正极，与红表笔（表内电池负极）相连接的是二极管负极，如图 2-10 所示。

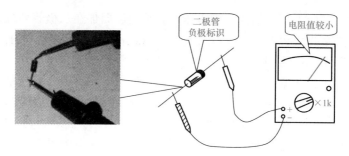

图 2-10　检测二极管（较小电阻）

2）如果测得的电阻值很大，则为二极管的反向电阻。这时与黑表笔相连接的是二极管负极，与红表笔相连接的是二极管正极，如图 2-11 所示。

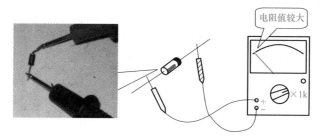

图 2-11　检测二极管（较大电阻）

（2）检测晶体二极管好坏。正常的晶体二极管，其正、反向电阻的阻值应该相差很大，且反向电阻接近于无穷大，如图 2-12 所示。如果某二极管正、反向电阻值均为无穷大，说明该二极管内部断路损坏；如果正、反向电阻值均为 0，说明该二极管已被击穿短路；如果正、反向电阻值相差不大，说明该二极管质量太差，也不宜使用。

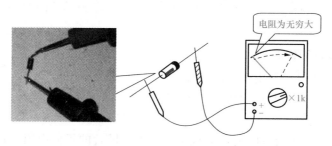

图 2-12　反射电阻值接近无穷大

（3）区分锗二极管与硅二极管。由于锗二极管和硅二极管的正向管压降不同，因此可以用测量二极管正向电阻的方法来区分。如果正向电阻小于 1kΩ，则为锗二极管，如图 2-13 所示；如果正向电阻为 1~5kΩ，则为硅二极管，如图 2-14 所示。

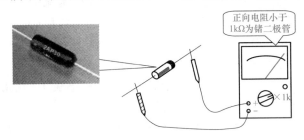

图 2-13　锗二极管电阻值

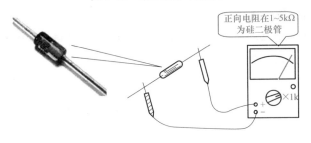

图 2-14　硅二极管电阻值

细节 18：稳压二极管的选用及检测

稳压二极管（又称齐纳二极管）是一种特殊的具有稳压功能的二极管，它也是具有一个 PN 结的半导体器件；与普通二极管不同的是，稳压二极管工作于反向击穿状态。图 2-15 为部分稳压二极管外形，其文字标识与普通二极管相同，其电路图形符号如图 2-16 所示。

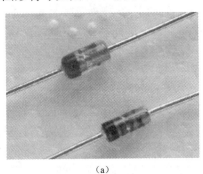
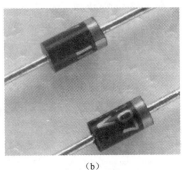

（a）　　　　　　　　　　　　　　　（b）

图 2-15　稳压二极管的外形

（a）玻壳稳压二极管；（b）塑封稳压二极管

1 稳压二极管的性能参数

稳压二极管的主要参数是稳定电压 U_Z 和最大工作电流 I_{ZM}。

图 2-16 稳压管的电路图形符号

（1）稳定电压。稳定电压 U_Z 是指稳压二极管在起稳压作用的范围内，其两端的反向电压值。不同型号的稳压二极管具有不同的稳定电压 U_Z，使用时应根据需要选取。

（2）最大工作电流。最大工作电流 I_{ZM} 是指稳压二极管长期正常工作时所允许通过的最大反向电流值。

使用中应控制通过稳压二极管的工作电流，使其不超过最大工作电流 I_{ZM}，否则将烧毁稳压二极管。

2 稳压二极管的选用

（1）稳压二极管一般用在稳压电源中作为基准电压源，工作在反向击穿状态下。使用时注意正负极的接法，管子正极与电源负极相连，管子负极与电源正极相连。选用稳压管时，要根据具体电子电路来考虑，简单的并联稳压电源，输出电压就是稳压管的稳定电压。晶体管收音机的稳压电源可选用 2CW54 型的稳压管，其稳定电压达 6.5V 即可。

（2）稳压管的稳压值离散性很大，即使同一厂家同一型号产品其稳定电压值也不完全一样，这一点在选用时应加以注意。对要求较高的电路选用前对稳压值应进行检测。

値得注意的是，使用稳压管时二极管反向电流不能无限增大，否则会导致二极管的过热损坏。因此，稳压管在电路中一般需串联限流电阻。在选用稳压管时，如需要稳压值较大的管子，维修现场又没有，可用几只稳压值低的管子串联使用；当需要稳压值较低的管子而又买不到时，可以用普通硅二极管正向连接代替稳压管使用。比如用两只 2CZ8A 硅二极管串联，可当作一个 1.4V 的稳压管使用；但稳压管一般不得并联使用。

（3）2DW7 型稳压管为三个电极的稳压管。这种稳压管是将两个稳压二极管相互对称地封装在一起，使两个稳压管的温度系数相互抵消，提高了管子的稳定性。这种三个电极的稳压管的外形很像晶体三极管，选用的时候要注意引脚的接法，一般接两端，中间悬空。

（4）对用于过电压保护的稳压二极管，其稳定电压的选定要依据保护电压的大小选用。其稳定电压值不能选得过大或过小，否则起不到过电压保护的作用。

（5）在收录机、彩色电视机的稳压电路中，可以选用 1N4370 型、1N746～1N986 型稳压二极管。在电气设备和其他无线电电子设备的稳压电路中可选用硅稳压二极管，如 2CW100～2CW121 型稳压管。

3 **稳压二极管的检测**

（1）常规检测。稳压二极管可用万用表进行引脚识别和检测。其检测方法与检测晶体二极管基本相同，只是稳压二极管的反向电阻要小一些。

（2）测量稳压值。

1）稳压值在 15V 以下的稳压二极管，可以用 MF47 万用表直接测量其稳压值。具体方法是：将万用表置于"$R×10k$"挡，红表笔（表内电池负极）接稳压二极管正极，黑表笔（表内电池正极）接稳压二极管负极，如图 2-17 所示。

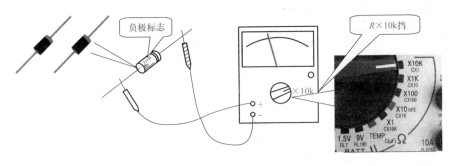

图 2-17　测量稳压值

因为 MF47 万用表内"$R×10k$"挡所用高压电池为 15V，所以读数时刻度线最左端为 15V，最右端为 0。例如，测量时表针指在左 1/3 处，则其读数为 10V，如图 2-18 所示。

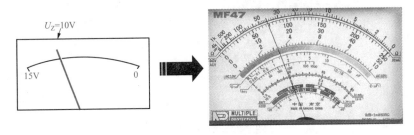

图 2-18　MF47 所测数字

可利用万用表原有的 50V 挡刻度来读数，并代入以下公式求出稳压值 U_Z：

$$U_Z = \frac{50-x}{50} × 15V$$

式中：x 为 50V 挡刻度线上的读数。如果所用万用表的 "$R\times10k$" 挡高压电池不是 15V，则将上式中的 "15V" 改为自己所用万用表内高压电池的电压值即可。

2）对于稳压值 $U_z\geqslant15V$ 的稳压二极管，可接入模拟工作电路进行测量。电路如图 2-19 所示，直流电源输出电压应大于被测稳压二极管的稳压值，适当选取限流电阻 R 的阻值，使稳压二极管反向工作电流为 5～10mA，用万用表直流电压挡即可直接测量出稳压二极管的稳压值。

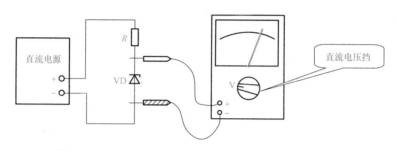

图 2-19　在路测量稳压二极管

细节 19：双基极二极管的选用和检测

双基极二极管（又称为单结晶体管）是一种具有一个 PN 结和两个欧姆电极的负阻半导体器件，它共有 3 只引脚，分别是发射极 E、第一基极 B1 和第二基极 B2。双基极二极管的文字符号为 "V"，图形符号如图 2-20 所示。

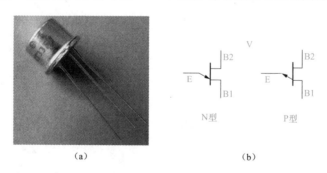

（a）　　　　　　　　　　　（b）

图 2-20　双基极二极管
（a）外形；（b）图形符号

1 双基极二极管的命名规则

国产双基极二极管的型号命名由 5 部分组成，如图 2-21 所示。

第一部分用字母"B"表示半导体管。

第二部分用字母"T"表示特种管。

第三部分用数字"3"表示有 3 个电极。

第四部分用数字表示耗散功率。

第五部分用字母表示特性参数分类。

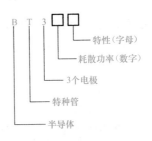

图 2-21 国产双基极二极管的命名方法

2 双基极二极管的性能参数

双基极二极管的参数有多个，接下来要以主要参数分压比、峰点电压与电流、谷点电压与电流、调制电流和耗散功率为例讲解。

（1）分压比。分压比 h 是指双基极二极管发射极 E 至第一基极 B1 间的电压（不包括 PN 结管压降）占两基极间电压的比例，如图 2-22 所示。η 是双基极二极管很重要的参数，一般在 0.3~0.9，是由管子内部结构所决定的常数。

（2）峰点电压与电流。峰点电压 U_P 是指双基极二极管刚开始导通时的发射极 E 与第一基极 B1 间的电压，其所对应的发射极电流叫作峰点电流 I_P，如图 2-23 所示。

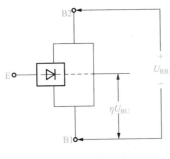

图 2-22 分压比

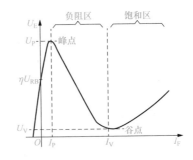

图 2-23 蜂点电压与电流

（3）谷点电压与电流。谷点电压 U_V 是指双基极二极管由负阻区开始进入饱和区时的发射极 E 与第一基极 B1 间的电压，其所对应的发射极电流叫作谷点电流 I_V，如图 2-23 所示。

（4）调制电流。调制电流 I_{B2} 是指发射极处于饱和状态时，从双基极二极管第二基极 B2 流过的电流。

（5）耗散功率。耗散功率 P_{B2M} 是指双基极二极管第二基极的最大耗散功率。这是一项极限参数，使用中双基极二极管实际功耗应小于 P_{B2M} 并留有一定余量，以防损坏。

3 检测双基极二极管

（1）检测两基极间电阻。万用表置于"$R \times 1k$"挡，两表笔（不分正、负）

接双基极二极管除发射极 E 以外的两个引脚，如图 2-24 所示，读数应为 3～10kΩ。

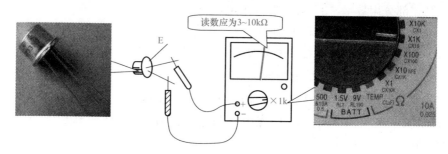

图 2-24　检测两基极间电阻

本细节开头时曾讲过，双基极二极管共有 3 只引脚，分别是发射极 E、第一基极 B1 和第二基极 B2。它的引脚排列如图 2-25 所示。

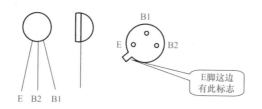

图 2-25　双基极二极管的引脚分布

（2）检测 PN 结。

1）检测 PN 结正向电阻时（以 N 型基极管为例，下同），黑表笔（表内电池正极）接发射极 E，红表笔分别接两个基极，如图 2-26 所示，读数均应为几千欧。

2）检测 PN 结反向电阻时，红表笔接发射极 E，黑表笔分别接两个基极，如图 2-27 所示，读数均应为无穷大。如果测量结果与上述不符，则说明被测双基极二极管已损坏。

（3）测量双基极二极管的分压比。图 2-28 为测量双基极二极管分压比 η 的电路，用万用表"直流 10V"挡测出 C2 上的电压 U_{C2}，再代入公式 $\eta = \dfrac{U_{C2}}{U_B}$ 即可计算出该双基极二极管的分压比。

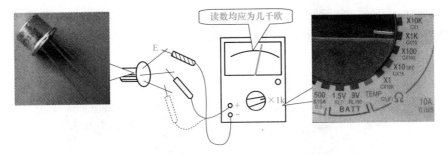

图 2-26　检测 PN 结正向电阻（N 型基极管）

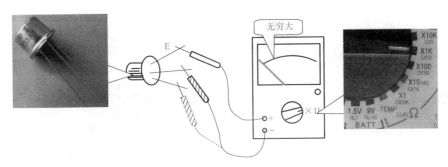

图 2-27　检测 PN 结反向电阻

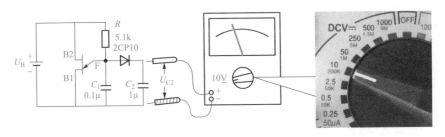

图 2-28　测量双基极二极管的分压比

第二节　晶体三极管

 细节 20：晶体三极管的种类及特点

晶体三极管（也称为半导体三极管或三极管）是一种具有两个 PN 结的半导体器件。图 2-29 为常见晶体三极管外形，它的文字符号为"VT"，电路图形符号如图 2-30 所示。晶体三极管在电子技术中扮演着重要的角色，利用它可以放大微弱的电信号；可以作为无触点开关元件；可以产生各种频率的电振荡；可以代替可变电阻，晶体三极管还是集成电路中的核心元件。

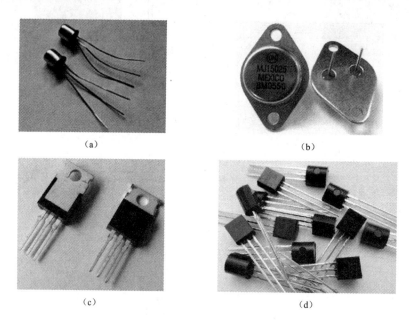

图 2-29　晶体三极管外形
（a）金属壳三极管；（b）大功率三极管；（c）塑封三极管；（d）微型三极管

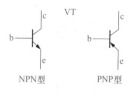

图 2-30　晶体三极管的电路符号

1　晶体三极管的分类

晶体三极管的种类繁多，如图 2-31 所示。

（1）按所用半导体材料的不同，可分为锗管、硅管和化合物管。

（2）按导电极性不同，可分为 NPN 型和 PNP 型两大类。NPN 型管工作时，集电极 c 和基极 b 接正电，电流由集电极 c 和基极 b 流向发射极 e。PNP 型管工作时，集电极 c 和基极 b 接负电，电流由发射极 e 流向集电极 c 和基极 b。

（3）按截止频率不同，可分为超高频管、高频管（≥3MHz）和低频管（<3MHz）。

（4）按耗散功率不同，可分为小功率管（<1W）和大功率管（≥1W）。

（5）按用途不同，可分为低频放大管、高频放大管、开关管、低噪声管、高反压管、复合管等。

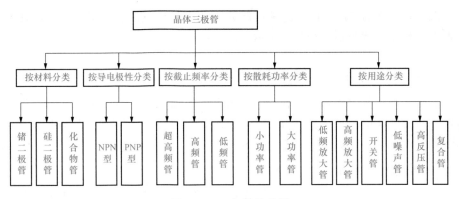

图 2-31 三极管的分类

2 晶体三极管的特点

晶体三极管的特点是具有电流放大作用，即可以用较小的基极电流控制较大的集电极（或发射极）电流，集电极电流是基极电流的 β 倍。

3 晶体三极管的命名规则

国产晶体三极管的型号命名由 5 部分组成，如图 2-32 所示，晶体三极管型号的意义见表 2-2。

第一部分用数字"3"表示晶体三极管。

第二部分用字母表示材料和极性，详见表 2-2。

第三部分用字母表示类型，详见表 2-2。

第四部分用数字表示序号。

第五部分用字母表示规格。

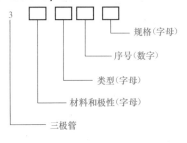

图 2-32 晶体三极管的命名方法

表 2-2 晶体三极管的型号意义对照

第一部分	第二部分	第三部分	第四部分	第五部分
3	A：PNP 型锗材料	X：低频小功率管	序号	规格（可缺）
	B：NPN 型锗材料	G：高频小功率管		
	C：PNP 型锗材料	D：低频大功率管		
	D：NPN 型硅材料	A：高频大功率管		
	E：化合物材料	K：开关管		
		T：闸流管		
		J：结型场效应晶体管		
		O：MOS 场效应晶体管		
		U：光电管		

例如，3AX31 为 PNP 型锗材料低频小功率晶体三极管，3DG6B 为 NPN 型硅材料高频小功率晶体三极管。

细节 21：晶体三极管的性能参数

晶体三极管的参数很多，包括直流参数、交流参数、极限参数 3 类，但一般使用时只需关注电流放大系数 β、特征频率 f_T、集电极—发射极击穿电压 BU_{ceo}、集电极最大电流 I_{CM} 和集电极最大功耗 P_{CM} 等项。

1 电流放大系数

电流放大系数（又称电流放大倍数）β 和 h_{FE} 是晶体三极管的主要电参数之一。

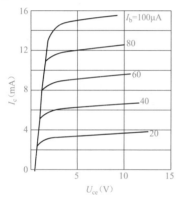

图 2-33 3DG6 管的输出特性曲线

（1）β 是三极管的交流电流放大系数，指集电极电流 I_c 的变化量与基极电流 I_b 的变化量之比，反映了三极管对交流信号的放大能力。

（2）h_{FE} 是三极管的直流电流放大系数（也可用 β 表示），指集电极电流 I_c 与基极电流 I_b 的比值，反映了三极管对直流信号的放大能力。

图 2-33 为 3DG6 管的输出特性曲线，当 I_b 从 $40\mu A$ 上升到 $60\mu A$ 时，相应的 I_c 从 $6\mu A$ 上升到 $9\mu A$，其电流放大系数

$$\beta = \frac{(9-6) \times 10^3}{60-40} = 150$$

2 特征频率

特征频率 f_T 是晶体三极管的另一主要电参数。晶体三极管的电流放大系数 β 与工作频率有关，工作频率超过一定值时，β 值开始下降。当 β 值下降为 1 时，所对应的频率即为特征频率 f_T，如图 2-34 所示。这时晶体三极管已完全没有电流放大能力。一般应使三极管的工作频率不超过 5%f_T。

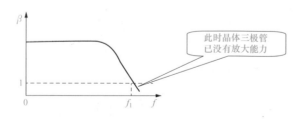

图 2-34 特征频率 f_T 曲线

3 集射极击穿电压

集电极—发射极击穿电压 BU_{CEO} 是晶体三极管的一项极限参数。BU_{CEO} 是指基极开路时，所允许加在集电极与发射极之间的最大电压。一旦工作电压超过 BU_{CEO}，三极管将可能被击穿。

4 集电极最大电流

集电极最大电流 I_{CM} 也是晶体三极管的一项极限参数。I_{CM} 是指三极管正常工作时，集电极所允许通过的最大电流。三极管的工作电流不应超过 I_{CM}。

5 集电极最大功耗

集电极最大功耗 P_{CM} 是晶体三极管的又一项极限参数。P_{CM} 是指三极管性能不变坏时所允许的最大集电极耗散功率。使用时，三极管实际功耗应小于 P_{CM} 并留有一定余量，以防烧管。

细节 22：晶体三极管的选用及检测

1 晶体三极管的选用

晶体三极管的应用非常广泛，像收音机、门铃等都有，接下来讲解几种特殊的晶体三极管。

（1）复合管。复合管是由两个或更多三极管按一定规律组合而成，如达林顿管。图 2-35 为两个 NPN 型三极管构成的达林顿管，等效为一个高 β 值的晶体三极管，$\beta=\beta_1 \cdot \beta_2$。达林顿管也可由两个 PNP 管或者一个 PNP 管和一个 NPN 管构成，如图 2-36 所示。

图 2-35　两个 NPN 型三极管构成的达林顿管

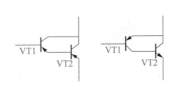

图 2-36　两个 PNP 型三极管构成的达林顿管

（2）带阻三极管。带阻三极管是一种内部包含一个或几个电阻的晶体三极管，近年来在家用电器和音像设备中应用较多，其内部电路结构如图 2-37 所示。

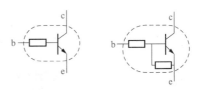

图 2-37　带阻三极管内部电路结构

2 晶体三极管的检测

引脚识别与检测如下。

（1）检测 NPN 三极管如图 2-38 所示，先用黑表笔接某一引脚，红表笔分别接另外两引脚，测得两个电阻值。再将黑表笔换接另一引脚，重复以上步骤，直至测得两个电阻值都很小，这时黑表笔所接的是基极 b。改用红表笔接基极 b，黑表笔分别接另外两引脚，测得两个电阻值都应很大，说明被测三极管基本上是好的。

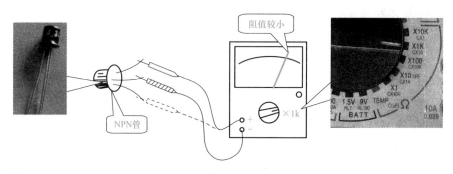

图 2-38　检测 NPN 三极管

（2）检测 PNP 三极管如图 2-39 所示，先用红表笔接某一引脚，黑表笔分别接另外两引脚，测得两个电阻值。再将红表笔换接另一引脚，重复以上步骤，直至测得两个电阻值都很小，这时红表笔所接的是基极 b。改用黑表笔接基极 b，红表笔分别接另外两引脚，测得两个电阻值都应很大，说明被测三极管基本上是好的。

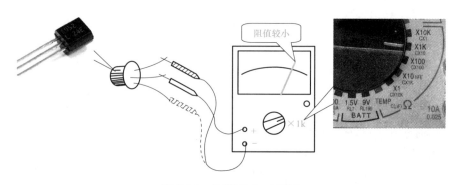

图 2-39　检测 PNP 三极管

3 测量晶体三极管的放大倍数

基极 b 确定以后，即可识别集电极 c 和发射极 e，并测量三极管的电流放大系数 β。

（1）用 MF47 等具有"β"或"h_{FE}"挡的万用表测量。万用表置于"h_{FE}"挡，如图 2-40 所示，将晶体三极管插入测量插座（基极插入 b 孔，另两引脚随意插入），记下 b 读数。再将另两引脚对调后插入，也记下 β 读数。两次测量中，β 读数大的那一次引脚插入是正确的。测量时需注意 NPN 管和 PNP 管应插入各自相应的插座。

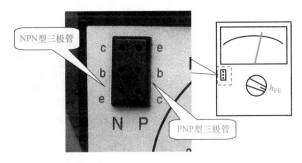

图 2-40　使用万用表专用挡位检测三极管

（2）用万用表电阻挡测量（以 NPN 管为例）。万用表置于"$R\times1k$"挡，红表笔接基极以外的一个引脚，左手拇指与中指将黑表笔与基极捏在一起，同时用左手食指触摸余下的引脚，如图 2-41 所示，这时表针应向右摆动。将基极以外的两引脚对调后再测一次。两次测量中，表针摆动幅度较大的那一次，黑表笔所接为集电极，红表笔所接为发射极。表针摆动幅度越大，说明被测晶体三极管的 β 值越大。

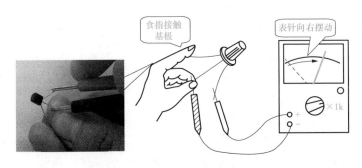

图 2-41　万用表电阻挡测量（NPN 管）

4 区分锗三极管与硅三极管

由于锗材料三极管的 PN 结压降约为 0.3V，而硅材料三极管的 PN 结压降约为 0.7V，所以可通过测量 b—e 结正向电阻的方法来区分锗三极管和硅三极管。

检测方法是：万用表置于 "$R×1k$" 挡，对于 NPN 管，黑表笔接基极 b，红表笔接发射极 e，如果测得的电阻值小于 $1k\Omega$，则被测管是锗三极管；如果测得的电阻值为 $5\sim10k\Omega$，则被测管是硅三极管，如图 2-42 所示。对于 PNP 管，则对调两表笔后测量。

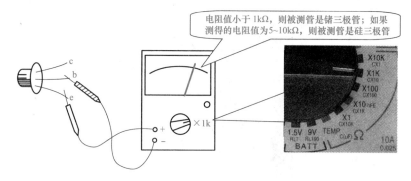

图 2-42　区分锗三极管与硅三极管

细节 23：晶体三极管的焊接调试

晶体三极管的故障率比较高，一旦发生短路或断路，就需要更换晶体三极管，所需工具见表 2-3，焊接步骤如下。

表 2-3　　　　　　　　　　　　　　三极管焊接基本信息

拆解电器	更换元件	所用工具
供电电源	低压电容	电烙铁、焊锡、吸锡器、尖嘴钳、镊子及螺丝小刀或什锦锉

（1）将如图 2-43 所示的晶体三极管用螺丝小刀或什锦锉刮去三极管引脚上的氧化物，用烙铁粘少许松香、焊锡给管脚镀上一层锡（这是影响焊接质量的关键）。

（2）将晶体三极管插入需要焊接的位置，如图 2-44 所示。

（3）在焊接点上用烙铁熔化少许焊锡丝，使焊点圆润即可，如图 2-45 所示。

（4）用斜口钳剪去多余的管脚，因此处不是新的晶体三极管，所以不需要剪脚只需要稍加整理即可。

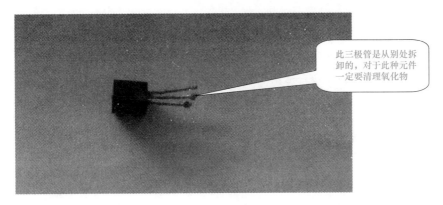

此三极管是从别处拆卸的,对于此种元件一定要清理氧化物

图 2-43 待焊接的晶体三极管

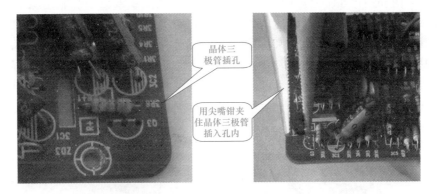

晶体三极管插孔

用尖嘴钳夹住晶体三极管插入孔内

图 2-44 将晶体三极管插入孔内

将引脚处加热

焊锡丝

熔化焊锡丝

图 2-45 焊接晶体三极管

晶体三极管的焊接操作比较简单，与接下来要讲述的场效应晶体管及部分晶闸管的焊接类似，若有需要，可参照晶体三极管的焊接方法。

第三节 场 效 应 晶 体 管

细节 24：场效应晶体管的种类及特点

场效应晶体管通常简称场效应管，是一种利用电场效应来控制电流的管子，由于参与导电的只有一种极性的载流子，所以，场效应晶体管也称为单极性三极管，其外形如图 2-46 所示，其文字符号与晶体三极管相同，都是用"VT"表示，其电路图形符号如图 2-47 所示。和普通双极型晶体管相比较，场效应晶体管具有输入阻抗高、噪声低、动态范围大、功耗小、易于集成等特点，因此得到了越来越广泛的应用。

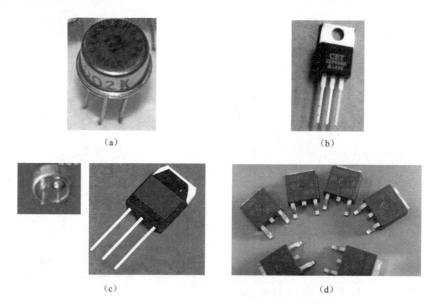

（a）　　　　　　　　　　　　　　　　（b）

（c）　　　　　　　　　　　　　　　　（d）

图 2-46　场效应晶体管的外形

（a）金属场效应晶体管；（b）塑封场效应晶体管；（c）双栅场效应晶体管；（d）贴片场效应晶体管

VT

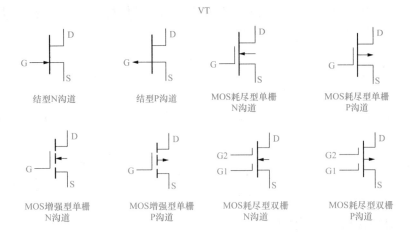

图 2-47 场效应晶体管电路符号

1 场效应晶体管的分类

场效应晶体管的分类如图 2-48 所示。

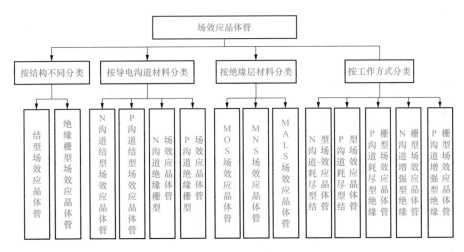

图 2-48 场效应晶体管的分类

（1）按结构的不同分类。场效应晶体管根据其结构的不同，可分为结型场效应晶体管和绝缘栅型场效应晶体管两种类型。

（2）按导电沟道材料的不同分类。结型场效应晶体管和绝缘栅型场效应晶体管根据其导电沟道材料的不同，又分为 N 沟道结型场效应晶体管、P 沟道结型场效应晶体管、N 沟道绝缘栅型场效应晶体管和 P 沟道绝缘栅型场效应晶体管。

（3）按绝缘层材料的不同分类。根据栅极与半导体材料之间所用绝缘层材料的不同，绝缘栅型场效应晶体管可分为 MOS 场效应晶体管、MNS 场效应晶体管和 MALS 场效应晶体管等多种。

（4）按工作方式的不同分类。根据场效应晶体管工作方式的不同，可分为 N 沟道耗尽型结型场效应晶体管、P 沟道耗尽型结型场效应晶体管、N 沟道耗尽型绝缘栅型场效应晶体管、P 沟道耗尽型绝缘栅型场效应晶体管、N 沟道增强型绝缘栅型场效应晶体管、P 沟道增强型绝缘栅型场效应晶体管。

场效应晶体管除了按以上各方式分类外，还可分为高压型场效应晶体管、开关场效应晶体管、双栅场效应晶体管、功率 MOS 场效应晶体管、高频场效应晶体管及低噪声场效应晶体管等多种类型。

2 场效应晶体管的特点

场效应晶体管的特点是由栅极电压 U_G 控制其漏极电流 I_D。和普通双极型晶体管相比较，场效应晶体管具有输入阻抗高、噪声低、动态范围大、功耗小、易于集成等特点。

场效应晶体管一般具有 3 只引脚（双栅管有 4 只引脚），分别是栅极 G、源极 S 和漏极 D，它们的功能分别对应于双极型晶体管的基极 b、发射极 e 和集电极 c。由于场效应晶体管的源极 S 和漏极 D 是对称的，实际使用中可以互换。常用场效应晶体管的引脚如图 2-49 所示，使用中应注意识别。

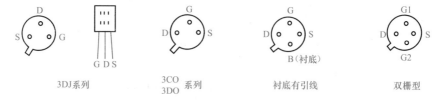

图 2-49　场效应晶体管的引脚

细节 25：场效应晶体管的性能参数

场效应晶体管的参数很多，包括直流参数、交流参数和极限参数，但一般使用时只需关注以下主要参数：饱和漏源电流 I_{DSS}、夹断电压 U_P（结型管和耗尽型绝缘栅管）或开启电压 U_T（增强型绝缘栅管）、跨导 g_m、漏源击穿电压 BU_{DS}、

最大耗散功率 P_{DSM} 和最大漏源电流 I_{DSM}。

1 饱和漏源电流

饱和漏源电流 I_{DSS} 是指结型或耗尽型绝缘栅场效应晶体管中,栅极电压 $U_{GS}=0$ 时的漏源电流。

2 夹断电压

夹断电压 U_P 是指结型或耗尽型绝缘栅场效应晶体管中,使漏源间刚截止时的栅极电压。图 2-50 为 N 沟道管的 $U_{GS}-I_D$ 曲线,从图中可明确看出 I_{DSS} 和 U_P 的意义。图 2-51 为 P 沟道管的 $U_{GS}-I_D$ 曲线。

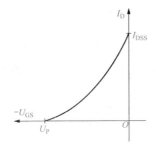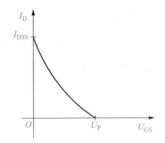

图 2-50　N 沟道管的 $U_{GS}-I_D$ 曲线　　　图 2-51　P 沟道管的 $U_{GS}-I_D$ 曲线

3 开启电压

开启电压 U_T 是指增强型绝缘栅场效应晶体管中,使漏源间刚导通时的栅极电压。图 2-52 为 N 沟道管的 $U_{GS}-I_D$ 曲线,从图中可明确看出 U_T 的意义。图 2-53 为 P 沟道管的 $U_{GS}-I_D$ 曲线。

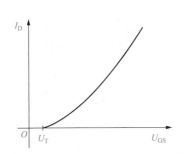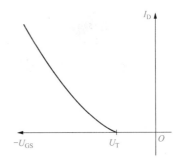

图 2-52　N 沟道管的 $U_{GS}-I_D$ 曲线　　　图 2-53　P 沟道管的 $U_{GS}-I_D$ 曲线

4 跨导

跨导 g_m 是表示栅源电压 U_{GS} 对漏极电流 I_D 的控制能力,即漏极电流 I_D 变化

量与栅源电压 U_{GS} 变化量的比值。g_m 是衡量场效应晶体管放大能力的重要参数。

5 漏源击穿电压

漏源击穿电压 BU_{DS} 是指栅源电压 U_{GS} 一定时,场效应晶体管正常工作所能承受的最大漏源电压。这是一项极限参数,使用时加在场效应晶体管上的工作电压必须小于 BU_{DS}。

6 最大耗散功率

最大耗散功率 P_{DSM} 也是一项极限参数,是指场效应晶体管性能不变坏时所允许的最大漏源耗散功率。使用时,场效应晶体管实际功耗应小于 P_{DSM} 并留有一定余量。

7 最大漏源电流

最大漏源电流 I_{DSM} 是场效应晶体管的又一项极限参数,是指场效应晶体管正常工作时,漏源间所允许通过的最大电流。场效应晶体管的工作电流不应超过 I_{DSM}。

 细节 26:场效应晶体管的选用及检测

1 引脚识别与检测

结型场效应晶体管的引脚识别方法如图 2-54 所示,万用表置于 "$R \times 1k$" 挡,用两表笔分别测量每两个引脚间的正、反向电阻。当某两个引脚间的正、反向电阻相等,均为数千欧姆时,则这两个引脚为漏极 D 和源极 S(可互换),余下的一个引脚即为栅极 G。

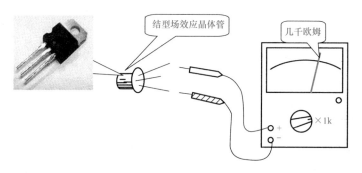

图 2-54　引脚识别检测

2 区分 N 沟道和 P 沟道场效应晶体管

如图 2-55 所示,万用表置于 "$R \times 1k$" 挡,黑表笔接栅极 G,红表笔分别接另外两引脚，如果测得两个电阻值均很大，则为 N 沟道场效应晶体管。如果测得两个电阻值均很小，则为 P 沟道场效应晶体管。如果测量结果不符合以上两种情况，则说明该场效应晶体管已损坏或性能不良。

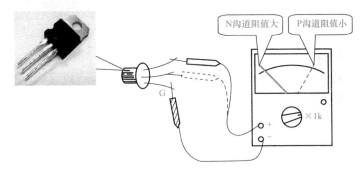

图 2-55　区分 N 沟道和 P 沟道场效应晶体管

③ 估测场效应晶体管的放大能力

（1）估测结型场效应晶体管的放大能力。万用表置于"$R\times100$"挡，两表笔分别接漏极 D 和源极 S，然后用手捏住栅极 G（加入人体感应电压），表针应向左或向右摆动，如图 2-56 所示。表针摆动幅度越大，说明场效应晶体管的放大能力越大。如果表针不动，说明该管已坏。

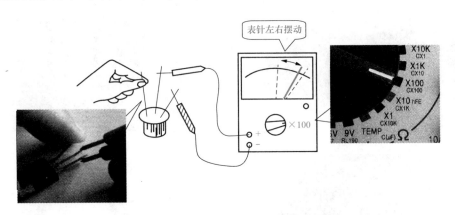

图 2-56　估测结型场效应晶体管的放大能力

（2）估测绝缘栅场效应晶体管（MOS 管）的放大能力时，由于其输入阻抗很高，为防止人体感应电压引起栅极击穿，不要用手直接接触栅极 G，而应手拿螺丝刀的绝缘柄，用螺丝刀的金属杆去接触栅极 G，如图 2-57 所示。判断方法与测量结型场效应晶体管相同。

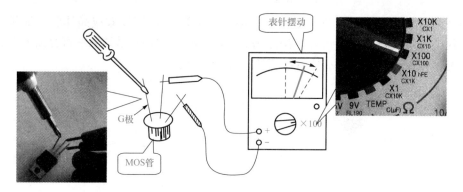

图 2-57　绝缘栅场效应晶体管（MOS管）的放大能力

第四节　晶　闸　管

细节 27：晶闸管的种类及特点

　　晶闸管是晶体闸流管的简称，也叫可控硅，是一种"以小控大"的电流型器件，它像闸门一样，能够控制大电流的流通，以此得名。晶闸管外形如图 2-58 所示，其文字符号为"VS"，电路图形符号如图 2-59 所示。

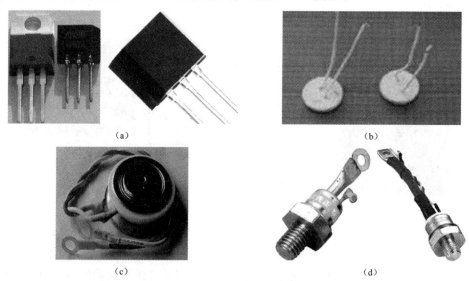

(a)

(b)

(c)

(d)

图 2-58　晶闸管的外形

(a) 塑封；(b) 陶瓷封装；(c) 金属封装；(d) 大功率晶闸管

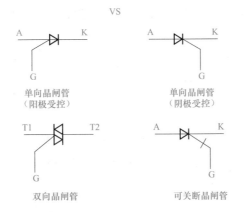

图 2-59 晶闸管的电路符号

1 晶闸管的分类

晶闸管按不同方式有很多种分类方法，如图 2-60 所示。

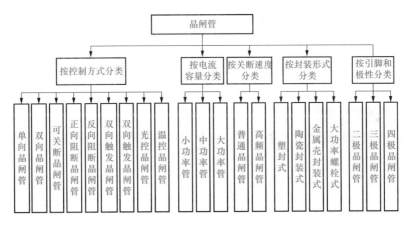

图 2-60 晶闸管的分类

（1）按控制方式不同可分为：单向晶闸管、双向晶闸管、可关断晶闸管、正向阻断晶闸管、反向阻断晶闸管、双向触发晶闸管、光控晶闸管、温控晶闸管等。

（2）按电流容量不同可分为：小功率管、中功率管和大功率管。

（3）按关断速度不同可分为：普通晶闸管和高频晶闸管（工作频率大于10kHz）。

（4）按封装形式不同可分为：塑封式、陶瓷封装式、金属壳封装式和大功率螺栓式等。

（5）按引脚和极性不同可分为：二极晶闸管、三极晶闸管、四极晶闸管。

2 晶闸管的特点

晶闸管的特点是具有可控的单向导电性，不但具有一般二极管单向导电的整流作用，而且可以对导通电流进行控制。

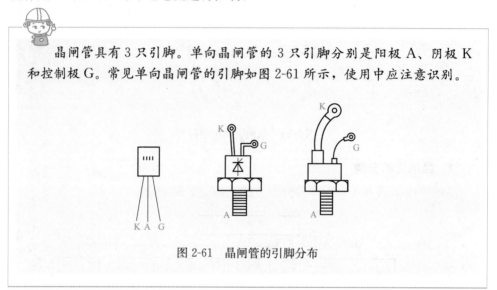

晶闸管具有 3 只引脚。单向晶闸管的 3 只引脚分别是阳极 A、阴极 K 和控制极 G。常见单向晶闸管的引脚如图 2-61 所示，使用中应注意识别。

图 2-61　晶闸管的引脚分布

3 晶闸管的型号

国产晶闸管的型号命名主要由 5 部分组成，如图 2-62 所示，各部分的含义表示如下。

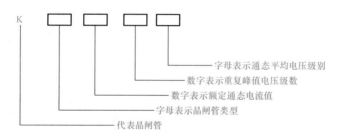

图 2-62　晶闸管的型号命名方法

第一部分用字母"K"表示，代表晶闸管。

第二部分用字母表示类型。P：普通；K：快速；S：双向；G：可关断；N：逆导型。

第三部分用数字表示额定通态电流值，分为 14 个级别：1、5、10、20、30、

50、100、200、300、400、500、600、900、1000（A）。

第四部分用数字表示重复峰值电压级数：正、反向重复峰值电压在 1000V 以下每 100V 为一级，1000～3000V 的每 200V 为一个级。

第五部分用字母表示通态平均电压级别，用 A、B、C、D、E、F、G、H、I 表示 9 个级别，由 0.4～1.2V 每隔 0.1V 作为一级（小于 100A 不标）。

例如，KP300-10F 型晶闸管是普通晶闸管，额定电流为 300A，额定电压为 1000V，通态平均电压降为 0.9V。

国外晶闸管型号很多，大都按各公司自己的命名方式定型号，如单向晶闸管有 SFOR1、CR2AM、SF5 等，双向晶闸管有 BTA06、BCR6AM、MAC97A6。

细节 28：晶闸管的性能参数

晶闸管的主要参数有额定通态平均电流、正反向阻断峰值电压、维持电流、控制极触发电压和电流等。

1 额定通态平均电流

额定通态平均电流 I_T 是指晶闸管导通时所允许通过的最大交流正弦电流的有效值。应选用 I_T 大于电路工作电流的晶闸管。

2 正反向阻断峰值电压

正向阻断峰值电压 U_{DRM} 是指晶闸管正向阻断时所允许重复施加的正向电压的峰值；反向峰值电压 U_{RRM} 是指允许重复加在晶闸管两端的反向电压的峰值。电路施加在晶闸管上的电压必须小于 U_{DRM} 与 U_{RRM} 并留有一定余量，以免造成击穿损坏。

3 维持电流

维持电流 I_H 是指保持晶闸管导通所需要的最小正向电流。当通过晶闸管的电流小于 I_H 时，晶闸管将退出导通状态而阻断。

4 控制极触发电压和电流

控制极触发电压 U_G 和控制极触发电流 I_G 是指使晶闸管从阻断状态转变为导通状态时，所需要的最小控制极直流电压和直流电流。

细节 29：晶闸管的选用及检测

目前，常用的晶闸管有单向晶闸管、双向晶闸管和特殊晶闸管三种，接下来以这三种为例将其选用及检测方向一一讲述。

1 **单向晶闸管**

单向晶闸管实际上是一种直流控制器件，仅具备开关作用，相当于一个单晶开关，可用于交直流电压控制、可控整流、逆变电源、开关电源保护电路等。单向晶闸管可用万用表电阻挡进行检测。

（1）检测 PN 结电阻。万用表置于"$R \times 10$"挡，黑表笔（表内电池正极）接控制极 G，红表笔接阴极 K，如图 2-63 所示，这时测量的是 PN 结的正向电阻，应有较小的阻值。对调两表笔后测其反向电阻，应比正向电阻明显大一些。

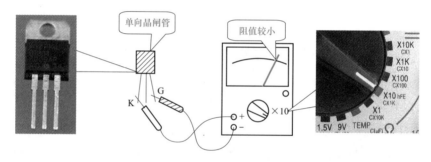

图 2-63 单向晶闸管的测量（正向电阻）

黑表笔仍接控制极 G，红表笔改接至阳极 A，阻值应为无穷大，如图 2-64 所示。对调两表笔后再测，阻值仍为无穷大。这是因为 G、A 间为两个 PN 结反向串联，正常情况下正、反向电阻均为无穷大。

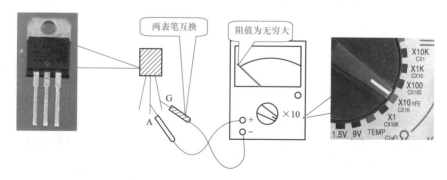

图 2-64 单向晶闸管的测量（反向电阻）

（2）检测导通特性。万用表置于"$R \times 1$"挡，黑表笔接阳极 A，红表笔接阴极 K，表针指示应为无穷大。用螺丝刀等金属物将控制极 G 与阳极 A 短接一下（短接后即断开），表针应向右偏转并保持在十几欧姆处，如图 2-65 所示。否则说明该晶闸管已损坏。

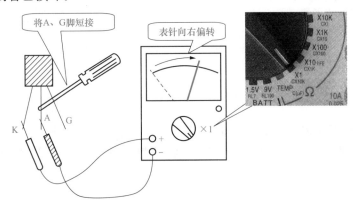

图 2-65 检测导通特性

2 双向晶闸管

双向晶闸管又称双向三极半导体开关元件，它与单向晶闸管的区别是：第一，它在触发之后是双向导通的；第二，在门极中所加的触发信号不管是正的还是负的都可以使双向晶闸管导通。双向晶闸管可看成由两个单向晶闸管反向并联组成。

双向晶闸管是一种理想的交流控制器件，一般用于交流开关、交流调压、交流电动机线性调速、灯具线性调光及固态继电器、固态接触器等电路。双向晶闸管可用万用表电阻挡进行检测。

（1）检测正、反向电阻。万用表置于"$R \times 1$"挡，用两表笔测量控制极 G 与主电极 T1 间的正、反向电阻，均应为较小阻值，如图 2-66 所示。用两表笔测量控制极 G 与主电极 T2 间的正、反向电阻，均应为无穷大，如图 2-67 所示。

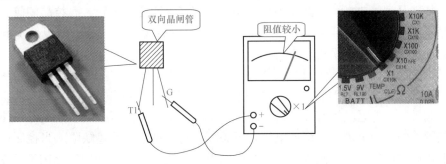

图 2-66 测量控制极 G 与主电极 T1 间的正、反向电阻

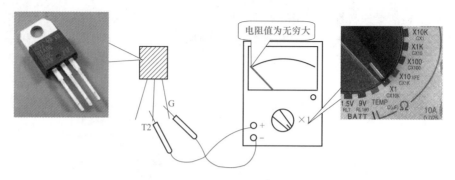

图 2-67　测量控制极 G 与主电极 T2 间的正、反向电阻

（2）检测导通特性。万用表仍置于"$R \times 1$"挡，黑表笔接主电极 T1，红表笔接主电极 T2，表针指示应为无穷大。将控制极 G 与主电极 T2 短接一下，表针应向右偏转并保持在十几欧姆处，如图 2-68 所示。否则说明该双向晶闸管已损坏。

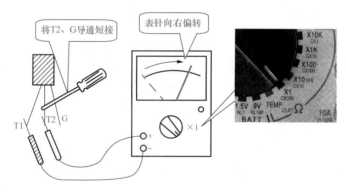

图 2-68　检测导通特性

3 **特殊晶闸管**

特殊晶闸管包括可关断晶闸管、逆导晶闸管、四极晶闸管、温控晶闸管、快速晶闸管、高频晶闸管、光控晶闸管、BTG 晶闸管等几种，接下来以可关断晶闸管的选用及检测为例进行讲述。

可关断晶闸管也称为门控晶闸管，是在普通晶闸管基础上发展起来的功率型控制器件，是由 PNPN 四层半导体材料构成，其三个电极分别为阳极 A、阴极 K 和控制极 G，普通晶闸管导通后控制极即不起作用，要关断必须切断电源，使流过晶闸管的正向电流小于维持电流，可关断晶闸管克服了上述缺陷。当控制极 G 加上正脉冲电压时，晶闸管导通；当控制极 G 加上负脉冲电压时，晶闸管关断。

可关断晶闸管可用万用表电阻挡进行检测。

将万用表置于"$R \times 1$"挡，黑表笔接阳极 A，红表笔接阴极 K，表针指示应为无穷大。

用一节 1.5V 电池串联一只 100Ω 左右限流电阻后产生的电压作为控制电压，其一端接在阴极 K 上，如图 2-69 所示。当用电池正极触碰一下控制极 G 后，表针应右偏指示晶闸管导通；当调换电池极性用电池负极触碰一下控制极 G 后，表针应返回无穷大指示晶闸管关断，否则说明该可关断晶闸管已损坏。

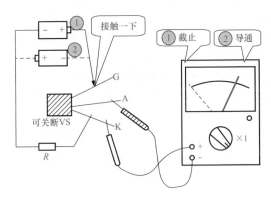

图 2-69　检测关断晶闸管

第三章

集成电路的检测代换技能

集成电路（Integrated Circuits，IC）是在一块极小的硅单晶片上，利用半导体工艺制作上许多晶体二极管、三极管、电阻器、电容器等，并连接成能完成特定功能的电子电路，然后封装在一个便于安装的外壳中，构成了集成电路。集成电路被广泛应用在工农业生产、科学技术、国防军事、教育文化和社会生活等各个领域，发挥着越来越大的作用。

第一节　集成电路基础知识

细节 30：集成电路的分类

集成电路的一般文字符号为"IC"，数字集成电路的文字符号为"D"。集成电路出现在 20 世纪 60 年代，当时只集成了十几个元器件，后来集成度越来越高，甚至出现了超大规模集成电路内含上百万个元件。

集成电路 IC 是封在单个封装件中的一组互联电路。装在陶瓷衬底上的分立元件或电路有时还和单个集成电路连在一起，称为混合集成电路。把全部元件和电路成型在单片晶体硅材料上称单片集成电路。单片集成电路现在已成为最普及的集成电路形式，它可以封装成各种类型的固态器件，也可以封装成特殊的集成电路。

集成电路的图形符号如图 3-1 所示，一般左边为输入端，右边为输出端。

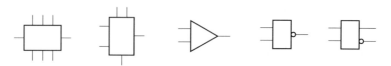

图 3-1　集成电路的图形符号

集成电路种类繁多，分类方法也有很多种，如图 3-2 所示。

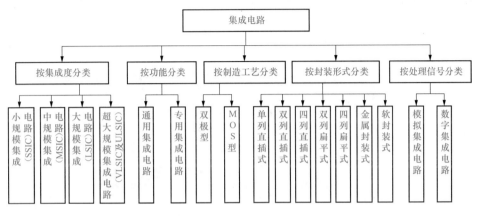

图 3-2 集成电路分类

（1）按集成度分类。集成电路按其集成元器件的规模可以分为以下几类。

1）小规模集成电路，英文缩写为 SSIC，每块芯片集成元器件通常在 100 个以下。

2）中规模集成电路，英文缩写为 MSIC，每块芯片集成元器件为 100～1000 个。

3）大规模集成电路，英文缩写为 LSIC，每块芯片集成元器件在 1000～10 万个。

4）超大规模集成电路，英文缩写为 VLSIC 及 ULSIC，每块芯片集成元器件在 10 万个以上，其中 ULSIC 每块芯片集成元器件在 100 万个以上。

（2）按功能分类。集成电路从功能上可分为通用集成电路和专用集成电路两类。

1）通用集成电路。是指适用范围较宽，能够在不同的电路系统中作为功能电路或单元电路应用的集成电路。例如，运算放大器、集成稳压器、逻辑门电路和各类触发器等。

2）专用集成电路。是指适用于某种特定的场合，具有特定的功能和专门用途的集成电路。例如，收音机集成电路、音乐集成电路、电子表电路等。

（3）按制造工艺分类。根据制造工艺和结构的不同，集成电路可分为双极型和 MOS 型两种。双极型集成电路的主要元器件为晶体管。MOS 型集成电路的主要元器件为场效应晶体管（MOS 管），包括 NMOS、PMOS 和 CMOS 三种。MOS 型集成电路具有更高的输入阻抗和更低的功耗。

（4）按封装形式分类。集成电路的封装形式有很多种，主要的有单列直插式、双列直插式、双列扁平式、四列直插式、四列扁平式、金属封装式和软封装式等，如图3-3所示。应用最普遍的是单列直插式集成电路和双列直插式集成电路。

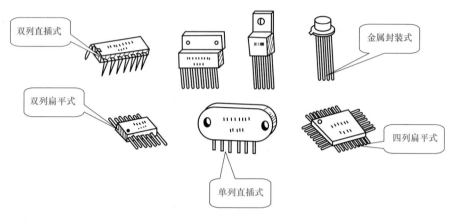

双列直插式

金属封装式

双列扁平式

四列扁平式

单列直插式

图3-3　集成电路的封装形式

（5）按处理信号分类。按照处理信号的不同，集成电路可分为模拟集成电路和数字集成电路两大类。

 细节31：集成电路的型号命名规则

集成电路型号主要由前缀、序号和后缀三部分组成，其中前缀和序号是关键，前缀是厂家代号或种类器件的厂标代号，序号包括国际通用系列型号和代号。

（1）国标规定的集成电路型号命名方法。最新的国标规定，我国生产的集成电路型号由5部分组成，如图3-4所示，以前各生产厂家的规定全部作废。国产集成电路的型号具体组成情况见表3-1。

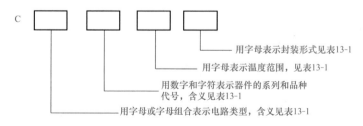

C

用字母表示封装形式见表13-1

用字母表示温度范围，见表13-1

用数字和字符表示器件的系列和品种
代号，含义见表13-1

用字母或字母组合表示电路类型，含义见表13-1

图3-4　集成电路命名方法

表 3-1 集成电路符号含义

第一部分		第二部分	第三部分	第四部分		第五部分	
字头符号		电路类型	用数字和字符表示器件的系列和品种代号	用字母表示温度范围		用字母表示封装形式	
符号		意义		符号	意义	符号	意义
C	符合国家标准	T　TTL 电路	TTL 分为：	C	0～70℃	F	多层陶瓷扁平
		H　HTL 电路	54/74×××	G	−25～70℃	B	塑料扁平
		E　ECL 电路	54/74H×××	L	−25～85℃	H	黑陶瓷扁平
		C　CMOS 电路	54/74L×××	E	−40～85℃	D	多层陶瓷双列直插
		M　存储器	54/74LS×××	R	−55～85℃	J	黑陶瓷双列直插
		μ　微型机电路	54/74AS×××	M	−55～125℃	P	塑料双列直插
		F　线性放大器	54/74ALS×××			S	塑料单列直播
		W　稳压器	54/74F×××			K	金属菱形
		B　非线性电路				T	金属圆形
		J　接口电路	CMOS 分为：			C	陶瓷芯片载体
		AD　A/D 电路	400 系列			E	塑料芯片载体
		DA　D/A 电路	54/74HC×××			G	网络阵列
		D　音响、电视电路	54/74HCT×××				
		SC　通信专用电路					
		SS　敏感电路					
		SW　钟表电路					

国标还规定，凡是家用电器专用集成电路（音响类、电视类）的型号，一律采用四部分组成，将第一部分的字母省去，用 D×××形式。

（2）非国标集成电路型号命名方法。除上述国家标准外，在我国还广泛使用其他型号命名方法命名的集成电路。表 3-2 为国内非国标集成电路生产厂家的字头符号，供使用、识别和代换时参考。

表 3-2 国内非国标集成电路生产厂家的字头含义（部分）

字头字符	生产厂家	字头字符	生产厂家
D	国产集成电路标准字头	FS	贵州都匀四四三三厂
B、BO、BW、5G	北京市半导体器件五厂	FY、FZ	上海八三一厂
BGD	北京半导体器件研究所	LD	西安延河无线电厂
BH	北京半导体器件三厂	NT	南通晶体管厂
CA	广州音响电器厂	SL、5G	上海无线电十六厂
CH	上海无线电十四厂	SG	四四三一厂
CF、GF	常州半导体厂	TB	天津半导体器件五厂
DG	北京八七八厂	W	北京半导体器件五厂
F、XFC	甘肃秦七四九厂	X、BW	电子工业部第二十四研究所
F、FC、SF	上海无线电七厂	XG	国营新光电工厂
FD	苏州半导体器件总厂	19	上海无线电十九厂

（3）进口集成电路型号命名方法

1）日本三洋半导体公司（SANYO）。日本三洋半导体公司集成电路型号由两部分组成：第一部分字头符号码，表示各种集成电路的类型；第二部分电路型号数，表示产品的序号，无具体含义。表3-3给出这种集成电路型号中第一、二部分字符的具体含义。

表3-3　　　　　　　日本三洋公司集成电路符号含义（部分）

第一部分		第二部分
LA	单块双极线性	
LB	双极数字	
LC	CMOS	用数字表示电路型号数
LE	MNMOS	
LM	PMOS、NMOS	
STK	厚膜	

2）日本日立公司（HITACHI）。日本日立公司生产的集成电路型号由五部分组成：第一部分表示字头符号；第二部分用数字表示电路使用范围；第三部分用数字表示电路型号；第四部分表示工艺；第五部分表示材质。表3-4表示部分日立公司集成电路型号具体含义。

表3-4　　　　　　　日本日立公司集成电路含义（部分）

第一部分		第二部分		第三部分	第四部分		第五部分	
字头	含义	数字	含义	用数字表示电路型号	字母	含义	字母	含义
HA	模拟电路	11	高频用		A	改进型	P	塑料
HD	数字电路	12	高频用					
HM	存储器（RAM）	13	音频用					
HN	存储器（ROM）	14	音频用					

3）日本东芝公司（TOSHIBA）。日本东芝公司生产的集成电路型号由三部分组成：第一部分用字母表示字头符号；第二部分表示电路型号数；第三部分表示封装形式。表3-5表示部分日本东芝公司集成电路型号具体含义。

表3-5　　　　　　　日本东芝公司集成电路型号含义（部分）

第一部分		第二部分	第三部分	
字母	含义		字母	含义
TA	双极线性	用数字表示电路型号数	A	改进型
TC	CMOS		C	陶瓷封装
TD	双极数字		M	金属封装
TM	MOS		P	塑料封装

细节 32：集成电路的封装形式

图 3-3 给出了常见的集成电路的封闭，除此之外还有很多，如圆形金属壳封装、菱形金属壳封装、塑料或陶瓷扁平式封装、四列扁平式封装、塑料或陶瓷单列直插式封装、双列直插式封装、四列直插式封装和软封装等，其详细的封装形式及端子识别方法见表 3-6。

 有些集成电路为了自身的散热方便还自带散热器或涂散热脂。

表 3-6　　　　　　　集成电路的封装形式及端子识别

集成电路结构形式	端子标记形式	端子识别方法
圆形结构	端子排列 8 1 2 7 3 6 4 5 金属外壳	圆形结构的集成电路形似晶体管，体积较大，外壳用金属封装，端子有 3、5、8、10 多种。识别时将管底对准自己，从管键开始顺时针方向读端子序号
扁平形平插式结构	14 13 色标 1 2	这类结构的集成电路通常以色点作为端子的参考标记。识别时，从外壳顶端看，将色点置于下面左方位置，靠近色点的端子即为第 1 端子，然后按逆时针方向读出第 2，3，…各端子
扁平形直插式结构（塑料封装）	凹槽标记 色标 1 2	塑料封装的扁平形直插式集成电路通常以凹槽作为端子的参考标记。识别时，从外壳顶端看，将凹槽左下方第一个端子作为第 1 端子，然后按逆时针方向读第 2，3，…各端子

续表

集成电路结构形式	端子标记形式	端子识别方法
扁平形直插式结构（陶瓷封装）	 端子　14 13 12 11 10 9 8 金属封片标记 1 2 3 4 5 6 7	这种结构的集成电路通常以凹槽或金属封片作为端子参考标记。识别方法同上
扁平单列直插式结构	 倒角 AN××× 1 2 3 4 5 6 7	这种结构的集成电路，通常以倒角或凹槽作为端子参考标记。识别时将端子向下置标记于左右，则可从左向右读出各端子。有的集成电路没有任何标记，此时应将印有型号的一面正向对着自己，按上法读出端子号

第二节　集成电路的检测代换

细节33：集成电路的检测及代换

1 集成电路的选用

在选用某种类型的集成电路之前，应先认真阅读产品说明书或有关资料，全面了解该集成电路的功能、电气参数、外形封装（包括引脚分布情况）及相关外围电路。绝对不允许集成电路的使用环境、参数等指标超过厂家规定的极限参数。

值得注意的是，选用集成电路时，还应仔细观察其产品型号是否清晰，外形封装是否规范等，以免购到假货。

2 集成电路的检测

集成电路常用的检测方法有在路测量法、非在路测量法和代换法。

（1）非在路测量法。非在路测量法是在集成电路未焊入电路时，通过测量其各引脚之间的直流电阻值与已知正常同型号集成电路各引脚之间的直流电阻值进行对比，以确定其是否正常，以电压测量法为例，其操作如图 3-5 所示。

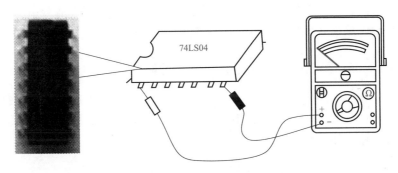

图 3-5　非在路测量法

（2）在路测量法。在路测量法是利用电压测量法、电阻测量法及电流测量法等，通过在电路上测量集成电路的各引脚电压值、电阻值和电流值是否正常，其测试方法如图 3-6 所示，来判断该集成电路是否损坏。

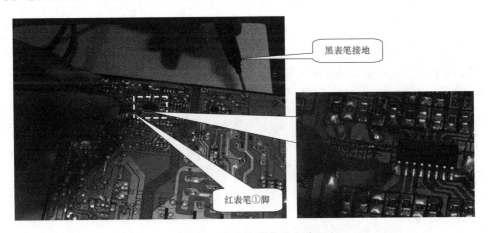

图 3-6　在路检测集成电路

（3）代换法。代换法是用已知完好的同型号、同规格集成电路来代换被测集成电路，可以判断出该集成电路是否损坏。

3　代换

（1）直接代换。集成电路损坏后，首先选用与其规格、型号完全相同的集成电路来直接更换。如果没有同型号集成电路，则应从有关集成电路代换手册或相关资料中查明允许直接代换的集成电路型号，在确定其引脚、功能、内部电路结构与损坏集成电路完全相同后方可进行代换，不可仅凭经验或仅因引脚数、外观形状等相同，便盲目直接代换。

（2）间接代换。在没有可直接代换集成电路的情况下，也可以用与原集成电路的封装形式、内部电路结构、主要参数等相同，只是个别或部分引脚功能排列不同的集成电路来间接代换（通过改变脚）作应急处理。

细节 34：集成运算放大器的选用及代换

集成运算放大器简称集成运放，是一种集成化的高增益的多级直接耦合放大器。其内部包含数百个晶体管、电阻、电容，它通常由输入级、中间级、输出级、偏置电路 4 部分组成，如图 3-7 所示。

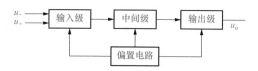

图 3-7　集成运放内部组成原理图框

常见的封装形式有金属壳封装、菱形金属壳封装、扁平式封装、双列直插式封装等形式，如图 3-8 所示。较常用的是双列直插式封装的集成运放。集成运放的电路图形符号如图 3-9 所示。有两个输入端和一个输出端，此外还有正、负电源输入端、外接补偿电路端、调零端、相位补偿端、公共接地端及其他附加端等。

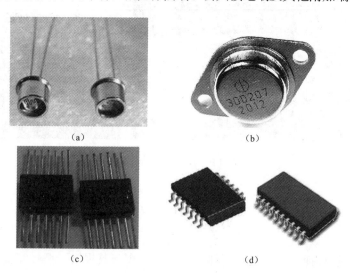

(a)　　　　　　　　　　　　(b)

(c)　　　　　　　　　　　　(d)

图 3-8　集成运算放大器封装形式

（a）金属壳封装；（b）菱形金属壳封装；（c）扁平式封装；（d）双列直插式封装

1　集成运算放大器的分类

按集成运算放大器的参数来分，集成运算放大器的分类如图 3-10 所示，其详细解释如下。

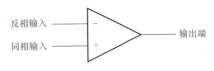

图 3-9　集成运放的电路符号

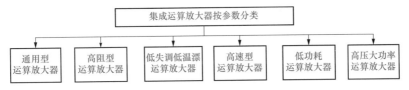

图 3-10　集成运算放大器的分类

（1）通用型运算放大器。这类器件的主要特点是价格低廉，产品量大面广，其性能指标适合于一般性使用。它们是目前应用最为广泛的集成运算放大器。常见的有 μA741（通用单运放）、LM358（双运放）、LM324（四运放）及以场效应晶体管为输入级的 LF356。

（2）高阻型运算放大器。这类器件的特点是通常采用结型场效应晶体管构成差分输入级，或为 JFET-MT 和 MOSFET-BJT 兼容，或全为 MOS 集成运放，所以输入阻抗非常高，输入偏置电流非常小，一般 Rid 为 109～1012Ω，IiB 为几皮安到几十皮安。对于场效应晶体管与双极型管兼容的单运放，由于用场效应晶体管代替横向 PNP 管，因而不仅提高了输入阻抗，而且还兼有高速、宽带、低噪声的优点，但场效应晶体管的输入级失调电压一般较大。常见的集成器件有 CF356、CF355、LF347（四运放）及更高输入阻抗的 CA3130、CA3140 等。

（3）低失调低温漂运算放大器。这类器件的主要特点是增益和共模抑制比很高（一般为 100dB），而输入失调电压和失调电流、温漂以及噪声又很小。目前常用的高精度低失调低温漂运算放大器有 OP-07、OP-27、AD508 及由 MOS-FET 组成的斩波稳零型低漂移器件 ICL7650 等。

（4）高速型运算放大器。这类器件的主要特点是具有高转换速率和宽的频率响应。常见的有 LM318、μA715 等。

（5）低功耗运算放大器。这类器件主要是低电源供电、低功率消耗。常见的有 TL-022C、TL-060C 等。

（6）高压大功率型运算放大器。这类器件的主要特点是不需附加任何电路，即可输出高电压和大电流。常见的有 D41 集成运放（电源电压可达±150V）、μA791 集成运放（输出电流可达 1A）。

2　集成运算放大器的参数

集成运放放大器的参数很多，主要的有电源电压范围、最大允许功耗 P_M、

单位增益带宽 f_C、转换速率 S_R 和输入阻抗 Z_i 等。

（1）电源电压范围。电源电压范围是指集成运放正常工作所需要的直流电源电压的范围。通常集成运放需要对称的正、负双电源供电，也有部分集成运放可以在单电源情况下工作，如图 3-11 所示。

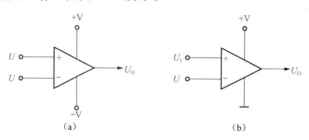

图 3-11　集成运放电源供给

（a）双电源；（b）单电源

（2）最大允许功耗。最大允许功耗 P_M 是指集成运放在正常工作情况下所能承受的最大耗散功率。使用中不应使集成运放的功耗超过 P_M。

（3）单位增益带宽。单位增益带宽 f_C 是指集成运放开环电压放大倍数 $A=1$（0dB）时所对应的频率，如图 3-12 所示。一般通用型运放的 f_C 约 1MHz，宽带和高速运放的 f_C 可达 10MHz 以上，应根据需要选用。

（4）转换速率。转换速率 S_R 是指在额定负载条件下，当输入边沿陡峭的大阶跃信号时，集成运放输出电压的单位时间最大变化率（单位为 V/ms），即输出电压边沿的斜率，如图 3-13 所示。在高保真音响设备中，选用单位增益带宽 f_C 和转换速率 S_R 指标高的集成运放效果较好。

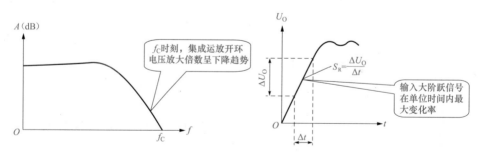

图 3-12　单位增益带宽趋势图　　　图 3-13　输出电压边沿的斜率变化图

（5）输入阻抗。输入阻抗 Z_i 是指集成运放工作于线性区时，输入电压变化量与输入电流变化量的比值。采用双极型晶体管作输入级的集成运放，其输入阻抗 Z_i 通常为数兆欧；采用场效应晶体管作输入级的集成运放，其输入阻抗 Z_i 可达 $10^{12} \Omega$。

③　集成运算放大器的选用

在满足给定输入、负载、精度及环境要求的条件下，尽可能选用市场供应货源充足、通用型、低成本的运放。

根据集成运放的选用原则，要善于分析实际使用条件，正确选择合适的运放，做到经济合理。在选用运放时，必须首先考虑下面一些问题。

（1）输入信号的性质。

1）信号源的等效内阻（内阻很大，可等效为电流源；内阻很小，可等效为电压源。有无直流通路，等效内阻是否变化很大）。

2）信号源的幅值大小。

3）信号频率高低及变化速率（直流或慢变信号，工频或音频范围内的信号，快速变化的脉冲信号等）。

4）信号是否含有共模信号，共模信号的幅值及频带。还要考虑差模信号的最大幅值。

（2）负载情况。

1）是纯电阻，还是电感、电容性负载。

2）对输出电压和电流幅值的要求。

3）负载是悬浮的，还是一端接地或一端接电源。

（3）对运放的精度要求。主要是指对运放失调参数和噪声等参数有无特殊要求。

（4）环境条件。

（5）工作温度最大变化范围。

1）环境干扰的幅值、频率等。

2）能耗、体积要求。

针对上述要求，便可正确选择合适的运放。在由运算放大器组成的各种系统中，由于应用要求不一样，对运算放大器的性能要求也不一样。

 细节 35：集成稳压器的选用及代换

集成稳压器是指将功率调整管、取样电阻、基准电压、误差放大、起动及保护电路等全部集成在一块芯片上，具有特定输出电压的稳压集成电路。

常见的集成稳压器有金属圆形封装、金属菱形封装、塑料封装、带散热板塑封、扁平式封装、单列封装和双列直插式封装等多种形式，如图 3-14 所示。集成稳压器的文字符号采用集成电路的通用符号"IC"，图形符号如图 3-15 所示。集成电路稳压器具有稳定性能好、输出电压纹波小、成本低廉等优点，在家用电器及电子设备的电源电路中应用十分广泛。

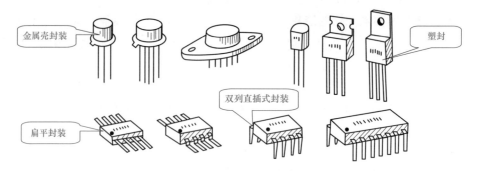

图 3-14 集成稳压器的封装形式

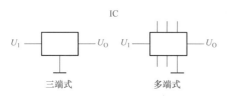

图 3-15 集成稳压器的电路图形符号

① 集成稳压器的分类

集成稳压器的分类如图 3-16 所示。

（1）按输出电压的控制方式分类。可分为固定式集成稳压器和可调式集成稳压器。

（2）按电压极性分类。集成稳压器按输入、输出的电压极性可分为正电压型集成稳压器和负电压型集成稳压器两种。

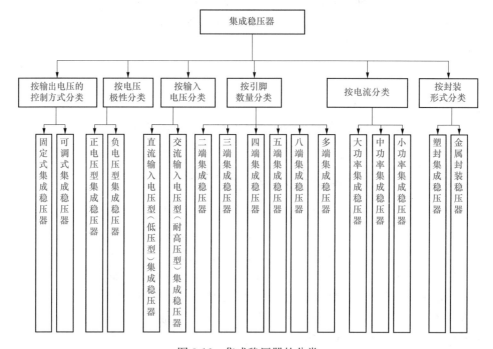

图 3-16 集成稳压器的分类

（3）按输入电压分类。可分为直流输入电压型（低压型）集成稳压器和交流输入电压型（耐高压型）集成稳压器。

（4）按引脚数量分类。可分为二端集成稳压器、三端集成稳压器、四端集成稳压器、五端集成稳压器、八端集成稳压器和多端集成稳压器等多种。

值得注意的是，三端集成稳压器应用最广泛。

（5）按输入电压与输出电压之差分类。可分为低压差式集成稳压器和高压差式集成稳压器。

（6）按电流容量分类。可分为大功率集成稳压器（输出电流在 5A 以上）、中功率集成稳压器（输出电流在 1.5～5A）和小功率集成稳压器（输出电流在 1.5A 以下）。

（7）按封装形式分类。可分为塑封集成稳压器（有 S-7、TO-92、TO-202、TO-220、S-1、SOT-80、SMD 等形式）和金属封装稳压器（有 TO-39、F-2、TO-3 等形式）。

2 集成稳压器的参数

集成稳压器的参数包括极限参数和工作参数，一般应用时，关注其输出电压 U_o、最大输出电流 I_{OM}、最小输入输出压差、最大输入电压 U_{iM} 和最大耗散功率 P_M 等主要参数即可。

（1）输出电压。输出电压 U_o 是指集成稳压器的额定输出电压。对于固定输出的稳压器，U_o 是一固定值；对于可调输出的稳压器，U_o 是一电压范围。

（2）最大输出电流。最大输出电流 I_{OM} 是指集成稳压器在安全工作的条件下所能提供的最大输出电流。应选用 I_{OM} 大于（至少等于）电路工作电流的稳压器，并按要求安装足够的散热板。

（3）最小输入输出压差。最小输入输出压差是指集成稳压器正常工作所必需的输入端与输出端之间的最小电压差值。这是因为调整管必须承受一定的管压降，才能保证输出电压 U_o 的稳定，否则稳压器不能正常工作。

（4）最大输入电压。最大输入电压 U_{iM} 是指在安全工作的前提下，集成稳压器所能承受的最大输入电压值。输入电压超过 U_{iM} 将会损坏集成稳压器。对于可调输出集成稳压器，往往用最大输入、输出压差来表示此项极限参数。

（5）最大耗散功率。最大耗散功率 P_M 是指集成稳压器内部电路所能承受的最大功耗，$P_M = (U_i - U_o) \times I_o$，使用中不得超过 P_M，以免损坏集成稳压器。

3 固定式三端集成稳压器

78 系列、79 系列三端集成稳压器是较常用的固定式三端集成稳压器，其三

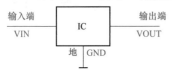

图 3-17 三端集成稳压器的电路图形符号

个引脚分别是电压输入端（VIN）、接地端（GND）和电压输出端（VOUT）。78 系列三端集成稳压器为正电压型，79 系列三端集成稳压器为负电压型。图 3-17 是三端集成稳压器的电路图形符号。图 3-18 是三端集成稳压器的封装与端子排列图。

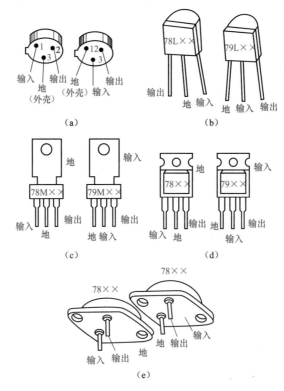

图 3-18 三端集成稳压器的封装与端子排列方式
(a) TO-39 封装；(b) TO-92 封装；(c) TO-202 封装（S-7）；(d) TO-220 封装；(e) TO-3 封装（F-2）

（1）78 系列三端集成稳压器。78 系列三端集成稳压器内部由启动电路、基准电压、恒流源、误差放大器、保护电路、调整管等组成。如图 3-19 所示为该集成稳压器的框图。

固定式三端稳压器的型号由 5 部分组成，如图 3-20 所示，其意义如下。

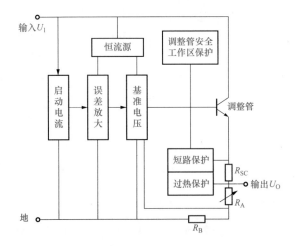

图 3-19 78 系列三端集成稳压器内电路框图

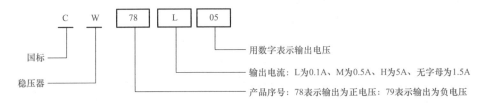

图 3-20 固定式三端稳压器型号命名方法

其中，后面的数字即为该稳压器输出的正电压数值，以 V 为单位。例如，7805、7812 即分别表示输出＋5V、＋12V 的稳压器。

78 系列稳压器按输出电压分，共有 8 种，即 7805、7806、7809、7810、7812、7815、7818、7824。

按其最大输出电流又可分为 78L××、78M×× 和 78×× 三个系列。其中，78L×× 系列最大输出电流为 100mA；78M×× 系列最大输出电流为 50mA；78×× 系列最大输出电流为 1.5A。

78×× 系列可分为电阻法和在路电压测试法两种。

1）电阻法。如图 3-21 所示，用万用表电阻挡测出各引脚间的电阻值，然后与正常值相比较，若出入较大，则说明被测 78 系列稳压器性能有问题。

表 14-3 是用 500 型万用表"R×1k"挡实测的 7805、7812、7815 和 7824 的电阻值，可供测试时对照参考。

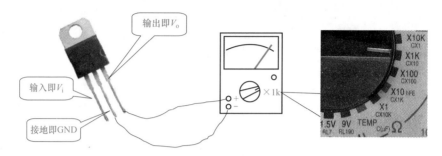

图 3-21　电阻法检测 78××稳压器

表 3-7　　　　　　　　　78××稳压器实测电阻值对照

红表笔所接引脚	黑表笔所接引脚	正常阻值（kΩ）	红表笔所接引脚	黑表笔所接引脚	正常阻值（kΩ）
GND	V_i	15~50	V_o	GND	3~7
GND	V_o	5~15	V_o	V_i	30~50
V_i	GND	3~6	V_i	V_o	4.5~5.5

　　　　需要说明的是，78系列集成稳压器各引脚之间的电阻值随生产厂家不同、稳压值不同以及批号不同均有一定差异，所以在测试时要灵活掌握，具体分析。

　　2）在路电压测试法。在路电压测试法就是不必将待测的稳压器从电路上拆下来，直接用万用表的电压挡去测量稳压器的输出电压是否正常，如图 3-22 所示。此法既简单又可靠。

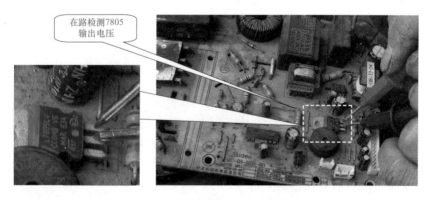

图 3-22　7805 输出电压在路检测

测试时，所测输出端电压应在稳压器标称稳压值±5％内。否则，说明稳压性能不良或已经损坏。

值得注意的是，7805 的输入电压的检测如图 3-23 所示

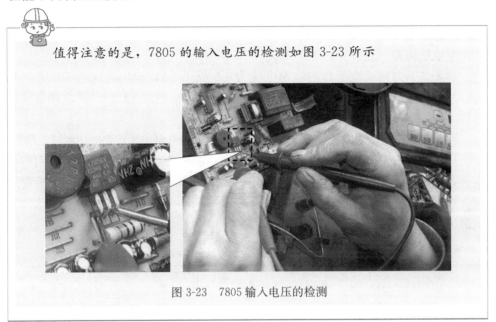

图 3-23　7805 输入电压的检测

（2）79 系列三端集成稳压器。79 系列三端集成稳压器也是由启动电路、基准电路、误差放大器、恒流源、保护电路和调整管等组成，如图 3-24 所示。79 系列与 78 系列主要区别是内部调整管的集电极接 $-V_。$

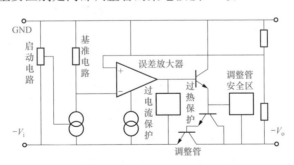

图 3-24　79××三端集成稳压器内部电路原理图

79 系列三端集成稳压器分为 79L××、79M×× 和 79×× 三个系列。它们的内部电路结构相同，只是输出电流及封装形式等有所差异。

79L×× 系列集成稳压器的输出电流为 100mA 或 150mA，输出电压有 −5V、−6V、−8V、−9V、−10V、−12V、−15V、−18V、−20V、−24V。

其输出电压用"L"后面的"××"表示。例如，79L05 为 100mA（150mA）、－5V 三端集成稳压器。

79M×× 系列集成稳压器的输出电流为 500mA，输出电压与 79L×× 系列相同。其输出电压用"M"后面的"××"表示。例如，79M12 为 500mA、－12V 三端集成稳压器。

79×× 系列集成稳压器的输出电流为 1A 或 1.5A，输出电压与 79L×× 相同。其输出电压用"××"表示。例如，7906 为 1A（1.5A）、－6V 三端集成稳压器。

79 系列集成稳压器的检测与 78 系列相同，也分为电阻法和在路电压测试法两种。

1）电阻法。参照图 3-21，用万用表电阻挡测出 79 系列稳压器各引脚间的电阻值，然后与正常值相比较，若出入较大，则说明被测 79 系列稳压器性能有问题。表 3-8 是用 500 型万用表 $R \times 1k$ 挡实测的 7905、7912、7924 的电阻值，可供测试时对照参考。

表 3-8　　　　　　　　　79×× 稳压器实测电阻值对照

红表笔所接引脚	黑表笔所接引脚	正常阻值（kΩ）	红表笔所接引脚	黑表笔所接引脚	正常阻值（kΩ）
GND	$-V_i$	4～5	$-V_o$	GND	2.5～3.5
GND	$-V_o$	2.5～3.5	$-V_o$	$-V_i$	4～5
V_i	GND	14.5～16	$-V_i$	$-V_o$	18～22

需要说明的是，79 系列集成稳压器各引脚之间的电阻值随生产厂家不同、稳压值不同以及批号不同均有一定差异，所以在测试时要灵活掌握，具体分析。

2）在路电压测试法。参照图 3-22、图 3-23，所测输出端电压应在稳压器标称稳压值±5％内。否则，说明稳压性能不良或已经损坏。

（3）29×× 系列低压差集成稳压器。虽然 78×× 系列和 79×× 系列三端集成稳压器具有稳定性能好、输出电压纹波小、成本低廉等突出优点，但由于它们的调整管与负载相串联，调整管上的压降较大，因而在工作时，输入与输出之间的电压差值较大（一般都在 3V 以上），这使得稳压器的功耗较高，效率相对变低，一般为 30％～45％。近年来问世的低压差稳压器采用了电流控制型，能将芯片内部调整管的输入、输出电压差减小到 0.6V 左右，因此使效率大为提高，表 3-8 为 29×× 系列低压差稳压器的性能指标。

表3-9　　　　　　　　　　29××低压差稳压器的性能指标

型号	输出电流	输出电压	主要特性
CW2930、LM2930	150mA	5V	0.6V压差，有电池接反、过电流、过热保护
CW2931、LM2931	150mA	5V连续可调	
CW2935、LM2935	750mA	5V双路	
CW2940、LM2940	1.5A	5V、8V	

CW为国内产品，LM为美国NC公司产品。

常见29××系列低压差稳压器的外形如图3-25所示。

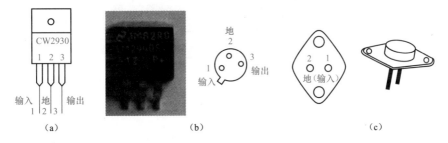

图3-25　29××系列低压差稳压器外形

29××系列低压差集成稳压器的检测：

现以国产CW2930型低压差集成稳压器为例介绍检测方法。CW2930的外形和引脚排列如图3-25（a）所示。检测时可采用测量各引脚间的电阻值来判断其好坏。表3-10是用500型万用表$R \times 1k$挡实测的CW2930稳压器各引脚之间的正常阻值，检测时可对照参考。

表3-10　　　　　　　　　　CW2930稳压器引脚电阻值

红表笔所接引脚	黑表笔所接引脚	正常阻值（kΩ）	红表笔所接引脚	黑表笔所接引脚	正常阻值（kΩ）
GND	$-V_i$	24	$-V_o$	GND	4
GND	$-V_o$	4	$-V_o$	$-V_i$	32
V_i	GND	5.5	$-V_i$	$-V_o$	6

另外，也可采用在路电压测试法进行检测，即用万用表直流电压挡测出CW2930的实际输出电压值来进行性能优劣的判断。

4 **三端可调集成稳压器**

三端可调集成稳压器的"三端"指的是电压输入端、电压输出端和电压调整端。在电压调整端外接电位器后，可对输出电压进行调节。

三端固定输出集成稳压器主要用于固定输出标准电压的稳压电源中，虽然通过外接电路元件也可构成多种形式的可调稳压电源，但稳压性能指标有所降低。三端可调集成稳压器的出现，可以弥补三端固定输出集成稳压器的不足。它不仅保留了三端固定输出集成稳压器的优点，而且在性能指标上有很大的提高。

图 3-26 为三端可调集成稳压器的外形及引脚分布，其型号由 5 部分组成，如图 3-27 所示，其意义如下：

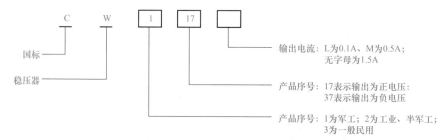

图 3-26 三端可调集成稳压器型号命名方法

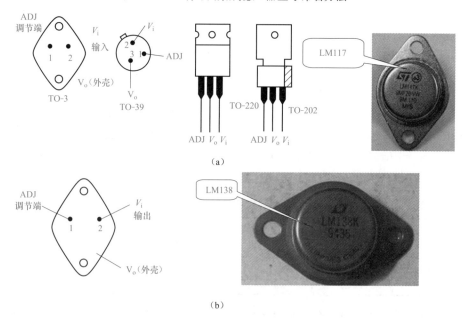

(a)

(b)

图 3-27 三端可调集成稳压器引脚排列（部分）（一）

(a) LM117、217、317 引脚排列；(b) LM138、238、338 引脚排列

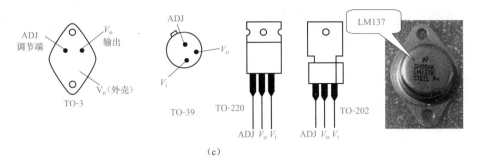

图 3-27　三端可调集成稳压器引脚排列（部分）（二）

（c）LM137、237、337 引脚排列

（1）三端可调集成稳压器的种类。三端可调集成稳压器分为正压输出和负压输出两种，区别及种类见表 3-10。

表 3-11　　　　　　　　三端可调集成稳压器的种类及区别

类型	国内产品型号	国外对应产品型号	最大输出电流 I_{OM}	输出电压 U_o
正压输出	CW117 L/217L/317L CW117M/217M/317M CW117/217/317 W/150/250/350 W138/238/338/ W196/296/396	LM117L/217L/317L LM117M/217M/317M LM117/217/317 LM150/250/350 LM138/238/338/ LM196/296/396	0.1A 0.5A 1.5A 3A 5A 10A	1.2～37V 1.2～37V 1.2～37V 1.2～33V 1.2～32V 1.2～15V
负压输出	CW137L/237L/337L CW137M/237M/337M CW137/237/337	LM137L/237L/337L LM137M/237M/337M LM137/237/337	0.1A 0.5A 1.5A	−1.2～−37V −1.2～−37V −1.2～−37V

（2）三端可调集成稳压器的检测。与检测三端固定系列集成稳压器方法一样，检测三端可调集成稳压器的方法主要有以下两种。

1）电阻法。用万用表的电阻挡测出稳压器各引脚间的电阻值，并与正常值进行比较，若数值出入不大，则说明被测稳压器性能良好。若引脚间电阻值偏离正常值较大，则说明被测稳压器性能不良或已经损坏。表 3-22 是用 500 型万用表"$R×1k$"挡实测的三端可调集成稳压器典型产品 LM317、LM350、LM338 各引脚间的电阻值，供测试时比较对照参考。

表 3-12　　　　　　　LM317、LM350、LM338 各引脚的电阻值

表笔位置		正常电阻值（kΩ）			不正常电阻值
黑表笔	红表笔	LM317	LM350	LM338	
V_i	ADJ	150	75～100	140	
V_o	ADJ	28	26～28	29～30	
ADJ	V_i	24	7～30	28	0 或∞
ADJ	V_o	500	几十至几百[1]	约 1MΩ	
V_i	V_o	7	7.5	7.2	
V_o	V_i	4	3.5～7.5	4	0 或∞

① 个别管子可接近于∞。

2）在路电压测试法。图 3-28 是 CW317 检测电路图。测试时，一边调整 RP，一边用万用表直流电压挡测量稳压器直流输入、输出电压值。当将 RP 从最小值调到最大值时，输出电压 U_o 应在指标参数给定的标称电压调节范围内变化，若输出电压不变或变化范围与标称电压范围偏差较大，则说明稳压器已经损坏或性能不良。

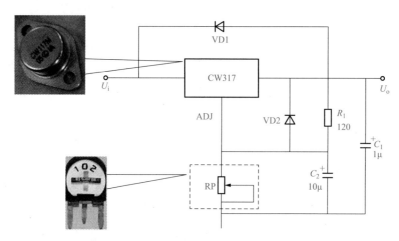

图 3-28　CW317 检测电路图

5　四端集成稳压器

（1）四端固定集成稳压器。四端固定集成稳压器的 4 个引脚分别是：电压输入端（V－IN）、接地端（GND）、电压输出端（V－OUT）和控制端（CON-TROL）。当控制端为高电平时，集成稳压器工作，其输出端有电压输出；当控制端为低电平时，集成稳压器关断，输出电压为 0V。图 3-29 是四端固定集成稳压器的外形，其内部电路框图如图 3-30 所示。

（2）四端可调集成稳压器。四端可调集成稳压器的引脚分别是电压输入端（V－IN）、接地端（GND）、电压输出端（V－OUT）和电压调节端（ADJ）。常用的四端可调集成稳压器有L78MG等型号。该稳压器的输入电压为7.5～35V，输出电压为5～30V，输出电流为500mA。

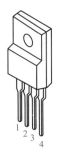

图3-29 四端固定集成稳压器外形

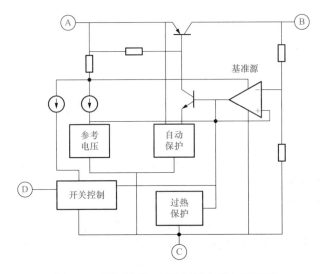

图3-30 PQ系列四端稳压器内部电路图框

（3）四端集成稳压器的检测。检测四端集成稳压器也应先检测其各引脚之间的电阻值。若测得稳压器某两只引脚之间的正、反向电阻值均接近或均为无穷大，则说明被测集成稳压器已击穿或开路损坏。

6 五端集成稳压器

（1）五端固定集成稳压器。常用五端固定集成稳压器有L780S××系列、MIC29501××系列、TC10××系列、SI3××系列和78LR05、L78MR05、LT1005、MIC5245××等型号。

L780S××系列集成稳压器有L780S05、L780S09和L780S12等型号。L780S05的输出电压为5V，典型输入电压为7～10V，输出电流为2A。L780S09

的输出电压为 9V，典型输入电压为 11～15V，输出电流为 3A。L780S××系列集成稳压器的各引脚功能见表 3-13，图 3-31 是其外形图与引脚分布图。

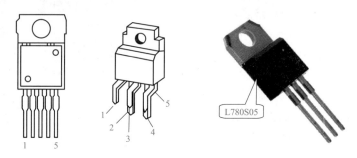

图 3-31   L780S××外形和引脚分布

表 3-13   **L780S××系列集成稳压器引脚功能**

引脚	符号	功能	引脚	符号	功能
1	VIN	电压输入端	4	ON/OFF	控制端
2	NC	空脚	5	VOUT	电压输出端
3	GND	接地端			

MIC29501-××系列集成稳压器是低压差（小于 600mV）、高精度（1%）集成稳压器，常见的有 MIC29501-3.3BT/BU 和 MIC29501-5.0BT/BU 等型号，它们的输出电压分别为 3.3V 和 5V，输出电流均为 5A。

MIC29501-3.3BT 和 MIC29501-5.0BT 采用 TO-220-5 封装，MIC29501-3.3BU 和 MIC29501-5.0BU 采用 TO-263-5 封装（见图 3-32），其引脚功能见表 3-14。

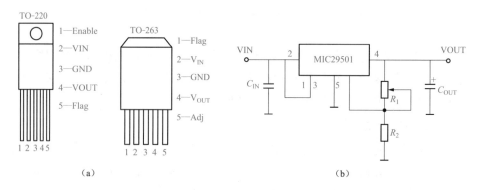

图 3-32   MIC29501-XX 集成稳压器外形及应用电路

（a）外形；（b）应用电路

表 3-14　　　　　　MIC29501-××集成稳压器各引脚功能

引脚	符号	功能	引脚	符号	功能
1	Enable	使能控制端（高电平有效）	4	VOUT	电压输出端
2	VIN	电压输入端	5	Flag	故障信号输出端
3	GND	接地端			

（2）五端可调集成稳压器。图 3-33 为五端可调集成稳压器外形，常用的五端可调集成稳压器有 MIC29502BT/BU、MIC29503BT/BU、PQ20VZ11/5U、CW200 等。

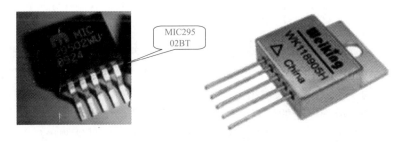

图 3-33　五端可调集成稳压器

1）MIC29502BT/BU 和 MIC29503BT/BU 五端可调集成稳压器均为低压差（小于 600mV）集成稳压器，输出电流均为 5A，输出电压为 3～6V。

MIC29502BT 和 MIC29503BT 属于可关断式集成稳压器，采用 TO-220-5 封装，MIC29502BU 和 MIC29503BU 采用 TO-263-5 封装。表 3-15 是 MIC29502BT/BU（MIC29503BT/BU）各引脚功能。

表 3-15　　　　MIC29502BT/BU（MIC29503BT/BU）引脚功能

引脚	符号	功能	引脚	符号	功能
1	Enable（Flag）	使能控制端（故障信号输出端）	4	VOUT	电压输出端
2	VIN	电压输入端	5	Adj	输出电压控制端
3	GND	接地端			

2）CW200 可调集成稳压器。CW200 是一种五端可调正压单片集成稳压器。输出电压范围为 2.85～36V，并连续可调，输出最大负载电流为 2A。这种稳压器使用方便，仅用 2 个外接取样电阻，就可以调整到所需要的输出电压值。其特点是稳压器芯片内部设有过电流、过热保护和调整管安全工作区保护电路，使用安全可靠。用 CW200 制作的稳压电源，具有较高的对数指标和稳压精度，这种稳压器不但可接成可调式稳压器，也可以接成固定电压输出的稳压器。其外形有两种：一种为塑料封装，另一种为金属封装，如图 3-34 所示。

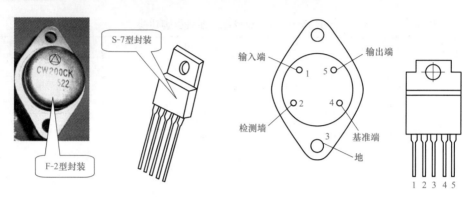

图 3-34　CW200 外形和引脚分布

这种稳压器的主要参数如下：最大输入输出压差为 40V；最小输入输出压差为 2V；电压调整率为 0.05％；电流调整率为 0.15％；纹波抑制比为 60dB；静态工作电流为 4.4mA；电大输出电流为 2A。

（3）五端集成稳压器的检测。先测量集成稳压器各引脚对地之间的正、反向电阻值，若出现正、反向电阻值均为零或无穷大，则可能是被测稳压器内部击穿短路或开路损坏，应进一步测量其输出电压是否为标称稳压电压值。

第四章

贴片元件的检测代换技能

贴片元件，即是表面贴装技术所采用的元件。表面贴装技术（Surface Mounted Technology，SMT）是指无须对印制板钻插装孔，直接将贴片元器件或适合于表面组装的微型元器件贴焊至 SMB 板或其他基板表面规定位置上的装联技术。它已在办公、通信、家电、医疗、工业自动化、航天、军工等领域得到广泛应用，并成为电子装联技术的发展方向。

第一节 贴片电阻器

 细节 36：贴片电阻器的主要性能指标

贴片电阻器又称为片式电阻器或片状电阻器（多数简称贴片电阻），属于电阻器中的一种结构形式，是电子电路中常用贴片元件之一，与普通电阻器的作用相同都是用来阻碍电流的流动。贴片电阻器在电路中一般用"R＋数字"表示，其中 R 表示对应的贴片元件为电阻器，数字表示该贴片电阻器在电路中的序号，图 4-1 为电路中的贴片电阻器。

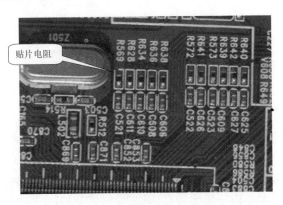

贴片电阻

图 4-1　电路中的贴片电阻器

常用贴片电阻器外形如图 4-2 所示，图 4-3 所示为常用贴片电阻器电气图形符号，表 4-1 所示为贴片电阻器常用英文缩写与中英文名词对照表。

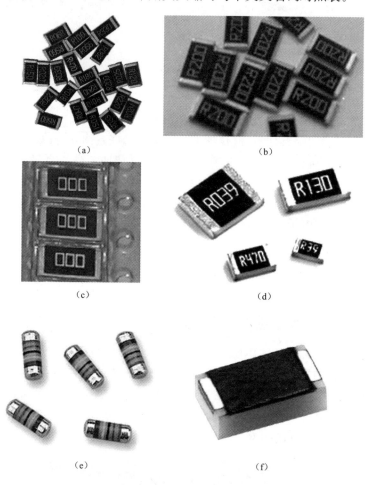

（a）　　　　　　　　　　　　　　　　（b）

（c）　　　　　　　　　　　　　　　　（d）

（e）　　　　　　　　　　　　　（f）

图 4-2　常见的贴片电阻器

（a）通用贴片电阻器；（b）精密低阻贴片电阻器；（c）零欧贴片电阻器；
（d）厚膜贴片电阻器；（e）圆柱式贴片电阻器；（f）绕线式贴片电阻器

1 贴片电阻器的分类

贴片电阻器的种类繁多，形状各异，且参数各不相同，常见的分类方法有下述几种。

（1）按结构形式分。常见的有矩形贴片电阻器和圆柱形贴片电阻器两类。其中矩形贴片电阻器主要用于频率较高领域。圆柱形贴片电阻器实质上是将插孔电阻器引线去掉而形成的，具有高频特性差、噪声低等特点。

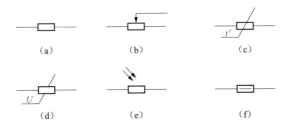

图 4-3　常用贴片电阻器电气图形符号

（a）固定贴片电阻器；（b）贴片电位器；（c）热敏贴片电阻器；
（d）压敏贴片电阻器；（e）光敏贴片电阻器；（f）功率贴片电阻器

表 4-1　　　　　　　　贴片电阻器常用英文缩写与中英文名词对照表

英文缩写	英文名词	中文名词
TFCR	Thin Film Chip Resistors	薄膜贴片电阻器
TFLR	Thick Film Chip Resistors	厚膜贴片电阻器
LO	Low Ohmic	低阻值贴片电阻器
HPHS	High Precision High Stability	高精度高稳定性贴片电阻器
MELF	Metal Electrode Face Bonding Type	金属电极无引脚端面圆柱形固定电阻器
MLCV	Multilayer Ceramic Chip Varistor	多层贴片压敏电阻器

（2）按制作工艺和材料分。主要有薄膜贴片电阻器（Thin Film Chip Resistors）和厚膜贴片电阻器（Thick Film Chip Resistors）两类。其中厚膜贴片电阻器是应用最广泛的一种电阻器结构，其主要工艺为在真空中镀上一层合金电阻膜于陶瓷基板上，加玻璃材保护层及三层电镀而成，可以分为精密贴片电阻器、贴片排阻、贴片网阻等类型，其精度范围一般为 $\pm$（$0.5\% \sim 10\%$），温度系数为 $\pm 50 \times 10^{-4}\%/℃$。薄膜贴片电阻器是在真空中采用溅射、蒸发等工艺将电阻性材料淀积在绝缘基体上制成，具有低温度系数（$\pm 5 \times 10^{-4}\%/℃$）、高精度（$\pm 0.01\% \sim \pm 1\%$）等特点。

（3）按用途分。有通用贴片电阻器、零欧贴片电阻器、低阻贴片电阻器、高阻贴片电阻器、高压贴片电阻器、高频贴片电阻器、功率贴片电阻器、精密贴片电阻器和高稳定型贴片电阻器等类型。

（4）按阻值变化情况分。有固定贴片电阻器和贴片电位器两类。其中贴片电位器包括敞开式贴片电位器、防尘式贴片电位器和微调贴片电位器三类。

（5）按 EIA 规格分。在工程技术中，EIA（电子工业协会）对电阻元件的规格进行了定义。其中，电阻器标称阻值及允许偏差定义了 7 个类别：E3、E6、

E12、E24、E48、E96、E192。其中 E24 系列为普通贴片电阻器，E48、E96、E192 系列为精密贴片电阻器。

②贴片电阻器主要性能指标

贴片电阻器的主要性能指标包括：封装尺寸、标称阻值与允许偏差、额定功率、温度系数、噪声系数、老化系数、频率特性、最高耐压、可靠性等。在工程技术中，由于上述参数并不是每一次用到电阻器时全都要考虑，有些甚至是只有在某些苛刻的条件下才会提出的专门要求，因此本书仅选择几种常见的参数予以介绍。

（1）封装尺寸。随着表面贴装技术与贴片元器件加工技术的高速发展，贴片电阻器的封装尺寸规格型号由最初的 3216（3.2mm×1.6mm）型，经过 20125（2.0mm×1.25mm）型、1608（1.6mm×0.8mm）型、1005（1.0mm×0.5mm）型，已逐步发展出了 0603（0.6mm×0.3mm）型、0402（0.4mm×0.2mm）型。贴片电阻器的尺寸规格只需考虑如下尺寸：

L（Length）代表长度；W（Width）代表宽度；H（High）代表高度。例如，常用 PR 系列高精度贴片电阻器封装尺寸见表 4-2。

表 4-2 　　　　　PR 系列高精度贴片电阻器封闭尺寸（单位：mm）

型号	RIA	L	W	H	D_1	D_2
PR02	0402	1.00±0.05	0.50±0.05	0.30±0.05	0.20±0.10	0.20±0.10
PR10	2010	4.90±0.15	2.40±0.15	0.55±0.10	0.60±0.30	0.50±0.25
PR12	2512	6.30±0.15	3.10±0.15	0.55±0.10	0.60±0.30	0.50±0.25

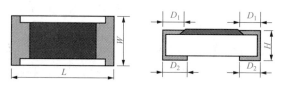

（2）温度系数。温度系数（Temperature Coefficient of Resistance，TCR）是指单位温度变化情况下，贴片电阻器阻值的变化量。贴片电阻器温度系数的单位为 Ω/℃（即温度每变化 1℃，电阻值变化多少 Ω）。

由于温度变化 1℃时，贴片电阻器绝对阻值变化很小，通常贴片电阻器的温度系数以 10^{-6}/℃为单位，记作 ppm/℃或 ppm。

在工程技术中，如贴片电阻器工作温度为 T_1 时对应阻值为 R_1，工作温度为 T_2 时对应阻值为 R_2，则贴片电阻器温度系数的计算公式如下式所示。

$$TCR = \frac{R_2 - R_1}{R_1(T_2 - T_1)}$$

式中：TCR 为贴片电阻器温度系数，单位为 $10^{-6}/℃$。当 TCR>0 时，电阻值随温度升高而增加，此时为正温度系数；当 TCR<0 时，电阻值随温度升高而减小，此时为负温度系数，通常贴片电阻器都是负温度系数的产品。表 4-3 为常用贴片电阻器温度系数及其他技术参数，供读者选用时参考。

表 4-3　　　　　　　　　　常用贴片电阻器温度系数及其他技术参数

型号	额定功率 (W)	最高使用电压 (V)	最高过载电压 (V)	温度系数 (ppm/℃)	阻值范围（Ω）		额定环境温度（℃）	工作温度范围（℃）
					F±1%	J±5%		
RC02 (0402)	0.063	25	50	±100 ±200	100～200k	100～200k 2.5～5.6M	+70	−55～ +125
RC03 (0603)	0.10	50	100	±100 ±200	10～1M	1～10M		
RC05 (0805)	0.125	150	300	±100 ±200	10～1M	1～10M		
RC06 (1206)	0.25	200	400	±100 ±200	10～1M	1～10M		
RC12 (1210)	0.33	200	400	±100 ±200	10～1M	1～10M		
RC20 (2010)	0.75	200	400	±100 ±200	10～1M	1～10M		
RC25 (2512)	1.00	200	400	±100 ±200	10～1M	1～10M		

（3）额定功率。贴片电阻器的额定功率是指电阻器在一定的气压和温度下长期连续工作所允许承受的最大功率。

　　　贴片电阻器的功率有 1/8W、1/4W、1/2W、1W、2W、5W、10W 等几种。其中，1/8W 和 1/4W 贴片电阻器较为常用。贴片电阻器额定功率与其封装外形及材料特性有关，而与电阻值无关。

　　选用贴片电阻器时，贴片电阻的额定功率必须大于本身在电路中实际消耗的功率，否则将因热损耗而烧毁电阻器。表 4-4 为矩形贴片电阻器外形尺寸、代码及额定功率对照表。

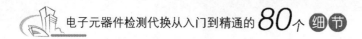

表 4-4 矩形贴片电阻器外形尺寸、代码及额定功率率对照表

尺寸代码		外形尺寸（mm）		额定功率（W）
公制	英制	长（L）	宽（W）	
0603	0201	0.6	0.3	1/20
1005	0402	1.0	0.5	1/16 或 1/20
1608	0603	1.6	0.8	1/10
2012	0805	2.0	1.25	1/8 或 1/10
3216	1206	3.2	1.6	1/4 或 1/6
3225	1210	3.2	2.5	1/4
5025	2010	5.0	2.5	1/2
6332	2512	6.4	3.2	1

（4）标称阻值和允许偏差。标称阻值也称额定阻值，是指标注在贴片电阻器上的电阻值，其数值范围应符合《电阻器标称阻值系列》（GB 2471）的规定。

允许偏差是指标称阻值与实际阻值之间偏差的允许范围，用来表示贴片电阻器的精度。实际应用时，允许偏差越小的电阻器，其阻值精度越高，稳定性也越好，但其生产成本相对较高。

电阻器阻值的基本单位是欧姆（简称欧），用"Ω"表示，常用单位有毫欧（$m\Omega$）、千欧（$k\Omega$）、兆欧（$M\Omega$）和吉欧（$G\Omega$）。它们之间的换算关系为

$$1\Omega = 1000m\Omega$$
$$1k\Omega = 1000\Omega$$
$$1M\Omega = 1000k\Omega$$
$$1G\Omega = 1000M\Omega$$

一般情况下，普通贴片电阻器的允许偏差为±（5％～20％）；精密贴片电阻器的允许偏差为±（1％～2％）；高精密贴片电阻器的允许偏差为±（0.1％～1％）。

实际应用时，贴片电阻器的阻值允许偏差范围通常在产品包装上用代码进行标注，常见代码与阻值允许偏差的对应关系见表 4-5。

表 4-5 常用代码与阻值允许偏差对照表

代码	允许偏差	代码	允许偏差	代码	允许偏差
B	±0.1％	F	±1.0％	K	±10％
C	±0.25％	G	±2.0％	M	±20％
D	±0.5％	J	±5.0％		

细节 37：贴片电阻器允许偏差及标注方法

贴片电阻器的标注方法主要有直接标识法、代码标识法、色标法三种。其中，直接标识法主要应用于体积较大的贴片电阻器，代码标识法主要应用于体积较小的贴片电阻器，色标法主要应用于圆柱形贴片电阻器。

> 值得注意的是，1608（0603）以下的超小型贴片电阻器由于体积过小，通常不标注参数。

1 直接标识法

直接标识法是用阿拉伯数字和单位符号在电阻器上直接标出其主要参数的标注方法。使用阿拉伯数字表示阻值和允许偏差（±20％可省略不标）。该标注法的优点是直观、易于读数，主要应用于体积较大的贴片电阻器。

例如，某贴片电阻器上标注有 120k、±5％，表示该贴片电阻器标称阻值为 120kΩ，允许偏差为±5％。

2 代码标识法

代码标识法是用阿拉伯数字或阿拉伯数字与字母按一定规律组合的代码来表示贴片电阻器主要参数的标注方法。这种标注法方便，主要应用于体积较小的贴片电阻器。表示贴片电阻器标称阻值的代码主要有数字代码、数字与字母混合代码两种。

（1）数字代码。

1）E24 系列普通贴片电阻器标称阻值采用三位数码表示：前两位表示有效数字，第三位表示有效数字后零的个数，单位为欧姆（Ω），如图 4-4 所示。普通贴片电阻器标称阻值代码速查表见附录 A。

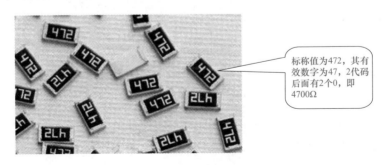

标称值为472，其有效数字为47，2代码后面有2个0，即4700Ω

图 4-4　E24 系列贴片电阻器

2）E48、E96、E192 系列精密贴片电阻器标称阻值采用四位数码表示：前三位表示有效数字，第四位表示有效数字后零的个数，单位为欧姆（Ω）。精密贴片电阻器标称阻值代码速查表见附录 A。

> 值得注意的是，E24 系列普通贴片电阻器一般是黑底白字，有的底漆为米黄色，E48、E96、E192 系列精密贴片电阻器一般是黑底黄字。据此可对普通贴片电阻器和精密贴片电阻器进行识别。

（2）数字与字母混合代码。采用数字与字母混合代码标注贴片电阻器主要参数一般有两种情况：一种是部分生产厂家贴片电阻器采用日本电子工业协会（EIAJ）的标准；另一种是标注低阻值贴片电阻器。

日本电子工业协会（Electronic Industries Association of Japan，EIAJ）标准规定，用两位数字与一个字母的组合代码表示贴片电阻器标称阻值。识读时，用两位数字代码所代表的阻值与字母代码所代表的倍率相乘，即可得出标称阻值。例如，20D 表示 $158 \times 10^3 = 158 \text{k}\Omega$，01C 表示 $100 \times 10^2 = 10 \text{k}\Omega$。

表 4-6 为倍率代码对照表，表 4-7 为 EIAJ 代码标志与标称阻值对照表。

表 4-6　　　　　　　　　倍率代码对照表

代码	倍率	代码	倍率	代码	倍率	代码	倍率
A	10^0	D	10^3	G	10^6	Y	10^{-2}
B	10^1	E	10^4	H	10^7	Z	10^{-3}
C	10^2	F	10^5	X	10^{-1}		

表 4-7　　　　　　　EIAJ 代码标志与标称阻值对照表

代码	阻值	代码	阻值	代码	阻值	代码	阻值
01	100	11	127	21	162	31	205
02	102	12	130	22	165	32	210
03	105	13	133	23	169	33	215
04	107	14	137	24	174	34	221
05	110	15	140	25	178	35	226
06	113	16	143	26	182	36	232
07	115	17	147	27	187	37	237
08	118	18	150	28	191	38	243
09	121	19	154	29	196	39	249
10	124	20	158	30	200	40	255

续表

代码	阻值	代码	阻值	代码	阻值	代码	阻值
41	261	55	365	69	511	83	715
42	267	56	374	70	523	84	732
43	274	57	383	71	536	85	750
44	280	58	392	72	549	86	768
45	287	59	402	73	562	87	787
46	294	60	412	74	576	88	806
47	301	61	422	75	590	89	825
48	309	62	432	76	604	90	845
49	316	63	442	77	619	91	886
50	324	64	453	78	634	92	887
51	332	65	464	79	649	93	909
52	340	66	475	80	665	94	931
53	348	67	487	81	681	95	953
54	357	68	499	82	698	96	976

除此之外，低阻值贴片电阻也采用数字与字母的混合代码，标注方法是用字母 R 表示小数点，单位为欧姆（Ω）。

通常普通贴片电阻器采用三位代码标注其标称阻值，如 R10 表示 0.10Ω，1R0 表示 1.0Ω。精密贴片电阻器采用四位代码标注其标称阻值，如 R001 表示 1mΩ，R010 或 0R01 表示 10mΩ。但也有一些公司生产的低阻值贴片电阻器标称阻值标注与上述不相同。例如，中国德键和风华高科生产的超低阻值厚膜贴片电阻器用字母 M 表示 mΩ；日本 KOA 公司生产的低阻值薄膜贴片电阻器用 L 表示 mΩ。

与上述相同，普通贴片电阻器采用三位代码标注其标称阻值，如 1L0 或 1M0 表示 1mΩ，10L 表示 10mΩ。精密贴片电阻器采用四位代码标注其标称阻值，如 9L10 表示 9.1mΩ。

3　色标法

色标法是用不同颜色的色环，按照它们的颜色和排列顺序在电阻器上标注出标称阻值和允许偏差的方法。常见贴片电阻标法可分为四色环标法（四环电阻）和五色环标法（五环电阻），其中四色环标法的第四环颜色一般为金色或银色，五色环标法通常用于精密电阻，其电阻取值范围是 1Ω～10MΩ，详细内容请参照本书细节 2 中的内容。

各色环颜色所对应的数值见表 4-8。

表4-8　　　　　　色环颜色与所对应的乘数、允许偏差和温度系数对照表

颜色	有效数字	乘数	允许偏差（%）	温度系数（10^{-6}/℃）
银	—	10^{-2}	±10	—
金	—	10^{-1}	±5	—
黑	0	10^0	—	±250
棕	1	10^1	±1	±100
红	2	10^2	±2	±50
橙	3	10^3	—	±15
黄	4	10^4	—	±25
绿	5	10^5	±0.5	±20
蓝	5	10^6	±0.25	±10
紫	7	10^7	±0.1	±5
灰	8	10^8	—	±1
白	9	10^9	—	—
无色	—	—	±20	—

④ 读数实例

利用色标法标注标称阻值及允许偏差的贴片电阻器识读示意图如图4-5所示。

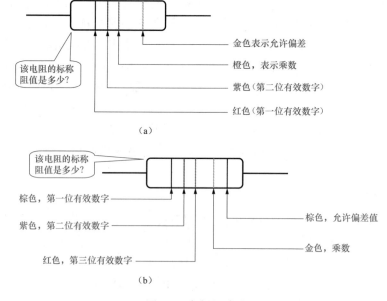

图4-5　色标识读法

（a）四环贴片电阻器标称电阻表示方法（27kΩ±5%）；

（b）五环贴片电阻器标称电阻表示方法（17.2Ω±1%）

细节 38：贴片电阻器的检测

贴片电阻器的检测与普通电阻器检测技巧、注意事项基本相同。常用方法有电压法、电阻法。

1　固定贴片电阻器

对固定贴片电阻器的检测主要是检测其实际阻值与标称阻值是否相符。通常采用万用表的欧姆挡进行测量，常用检测方法有在路电阻检测法和开路电阻检测法两类。

（1）在路电阻检测法。在路电阻是指贴片电阻器焊接在 PCB 板上时所测得的电阻值。利用万用表测量贴片电阻器在路电阻值如图 4-6 所示。

图 4-6　在路检测贴片电阻器

在图 4-6 中，采用万用表欧姆挡的适当量程，两支表笔搭在电阻器两引脚焊点上，测得一次阻值。红、黑表笔互换一次，再测一次阻值，取阻值大的作为参考阻值，设为 $R_{在路}$，存在下述三种情况。

1）$R_{在路}$ 大于所测量贴片电阻器标称阻值：若测得这种结果，可以直接判断该贴片电阻器存在开路或阻值增大现象，即贴片电阻器损坏。

2）$R_{在路}$ 十分接近所测量贴片电阻器标称阻值：若测得这种结果，可判断该贴片电阻器正常。

3）$R_{在路}$ 远小于所测量贴片电阻器的标称阻值或十分接近 0Ω：若测得这种结果，还不能断定所测贴片电阻器短路，应进一步分析与该贴片电阻器并联的支路。例如，并联支路如果存在线圈，则测得的阻值是线圈的直流电阻，而线圈的直流电阻一般为几欧姆。这种情况可采用后面所讲的开路电阻测量来进一步检查。

（2）开路电阻检测法。开路电阻是指电阻器脱离印刷电路板时所测得的电阻值。当对在路电阻测量值有疑问时，可进行开路检测。利用万用表测量贴片电阻器开路电阻值如图 4-7 所示。

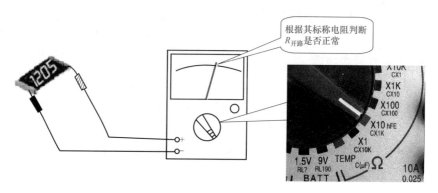

图 4-7　贴片电阻器开路电阻检测

在图 4-7 中，采用万用表欧姆挡的适当量程，两支表笔接电阻器的两根引脚，测得的阻值为这一电阻器的实际值，设为 $R_{开路}$，存在下述两种情况。

1）$R_{开路}$ 等于或接近所测量贴片电阻器的标称阻值：若测得这种结果，可判断该贴片电阻器正常。

2）$R_{开路}$ 远大于所测量贴片电阻器的标称阻值：若测得这种结果，说明该贴片电阻器阻值增大。当测量值趋向于 ∞ 时，该贴片电阻器内部已断路。

2　贴片电位器的检测

贴片电位器的检测也可采用万用表的欧姆挡，方法与固定贴片电阻器的检测方法基本一致。

（1）标称阻值的检测。利用万用表测量贴片电位器标称阻值方法如图 4-8 所示。

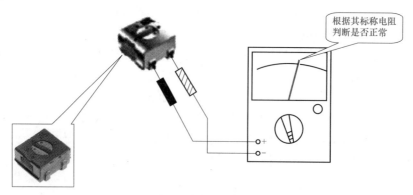

图 4-8　贴片电位器标称阻值检测

根据贴片电位器的标称阻值的大小，选择万用表欧姆挡的适合量程，红、黑两表笔接贴片电阻器定片，所测电阻阻值即为该贴片电位器的标称阻值。如果测得数据为0Ω，则说明贴片电位器内部短路。如测得数据远大于标称值或趋向于∞，则该贴片电位器阻值增大或已开路，不能再使用。

　　（2）电刷与电阻体接触是否良好的检测。利用万用表检测贴片电位器电刷与电阻体接触是否良好的方法如图4-9所示。

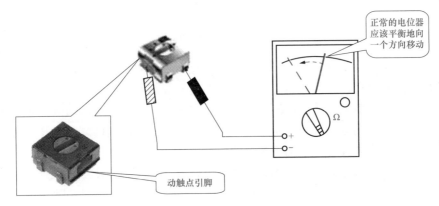

正常的电位器应该平衡地向一个方向移动

动触点引脚

图4-9　贴片电位器电刷与电阻值接触情况检测

　　将万用表置于欧姆挡的适合量程（根据贴片电位器标称阻值的大小选择），两表笔分别接贴片电位器的一个固定引脚与动触点引脚，然后慢慢地旋转转轴，这时指针如果平稳地向一个方向移动，表明滑动触点与电阻体接触良好。如果测量时有跌落和跳跃现象，则说明该贴片电位器接触不良。

3　特殊贴片电阻器检测技巧

　　特殊贴片电阻器是指将热、光、温度、气体等非电量信号转换成电信号的贴片电阻器或对电压等电量敏感的贴片电阻器。常见的有贴片热敏电阻器、贴片压敏电阻器、贴片光敏电阻器等。

　　（1）贴片热敏电阻器的检测。贴片热敏电阻器对温度极为敏感，常见的有正温度系数（PTC）贴片电阻器和负温度系数（NTC）贴片电阻器两类。正温度系数贴片电阻器的阻值随温度的升高而增大。负温度系数贴片电阻器的阻值随温度的升高而降低。

　　贴片热敏电阻器的检测有专用仪器。但在业余条件下，也可用万用表的欧姆挡测量，同时用热源（如用电烙铁加热）加热该贴片电阻器，如图4-10所示。

　　如果测得阻值慢慢增大，表明是正温度系数的贴片热敏电阻器，而且该贴片电阻器正常。如果测得阻值慢慢降低，表明是负温度系数的贴片热敏电阻器，而

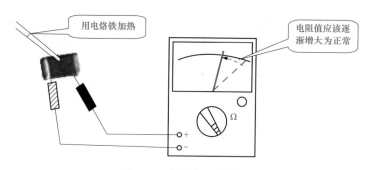

图 4-10　热敏电阻的检测

且该贴片电阻器也正常。当测得阻值没有变化时，说明该热敏电阻器已损坏。贴片热敏电阻器也存在阻值增大、开路、短路等故障现象。

（2）贴片压敏电阻器的检测。贴片压敏电阻器的阻值随两端所加的电压值变化而变化。当两端电压大于一定值时，其阻值急剧减小，当两端的电压恢复正常时，其阻值也恢复正常。常用于过电压保护。

贴片压敏电阻器的简单检测方法如下：将万用表拨到"$R×10\text{k}Ω$"挡，测其两端电阻，如图 4-11 所示，正常时应为∞。若表针有偏转，则是贴片压敏电阻器的漏电流大、质量差，应更换。

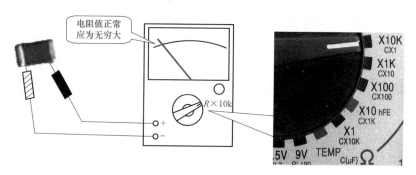

图 4-11　检测贴片压敏电阻

（3）贴片光敏电阻器的检测。贴片光敏电阻器是利用半导体的光电效应原理制成的贴片元件，其特点是对光线敏感，无光照时，呈高阻状态，当有光照时，电阻值迅速减小。

检测时，可以利用调压器改变灯泡的照度，同时用万用表测量其两端电阻值，正常时应看到表针随照度的变化而摆动，如图 4-12 所示。否则可判定贴片光敏电阻器失效。

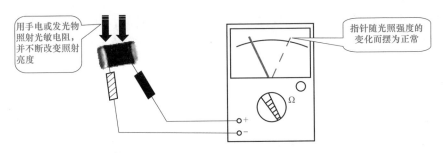

用手电或发光物照射光敏电阻，并不断改变照射亮度

指针随光照强度的变化而摆为正常

图 4-12 贴片光敏电阻器的检测

除上述几类特殊贴片电阻器外，常用的还有贴片湿敏电阻器、贴片熔断电阻器等。

细节 39：贴片电阻器的选用、代换

贴片电阻器种类繁多，主要性能指标也各不相同，且不同领域电路所需电阻器的主要参数也会有所不同，为了满足各领域电路的实际需要，发挥各类贴片电阻器的特性，精心选用贴片电阻器是电路设计技术的主要技术之一。

1 **正确选用贴片电阻器标称阻值和允许偏差**

（1）贴片电阻器标称阻值的选用。选用原则如图 4-13 所示，电路中所需贴片电阻器的阻值大小要尽量接近电阻器的标称值。

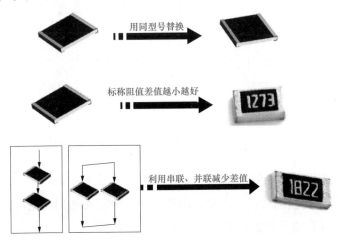

用同型号替换

标称阻值差值越小越好

利用串联、并联减少差值

图 4-13 贴片电阻器的代换原则

当所需电阻器不能与国家规定的系列标称阻值相符时，其选择原则是所需贴片电阻器阻值与标称阻值的差值越小越好。如果标称阻值与所需阻值相差较大时，可采用电阻器的串、并联进行解决。电阻器并联可减少阻值；电阻器串联可增大阻值。

值得注意的是，不同阻值的电阻器所承担的功率也不同，该法除应急修理外，一般不采用。

（2）贴片电阻器允许偏差的选用。贴片电阻器允许偏差选择要根据具体电路而定，如退耦电路、反馈电路、滤波电路等允许偏差要求不高的电路，可选用偏差为±（10%～20%）的贴片电阻器；定时、振荡等时间常数电路所需电阻器允许偏差要尽量选择小的，否则将引起电路不同步等故障。

2 **贴片电阻器额定功率的选用**

贴片电阻器在电路中工作时所承受的功率不得超过电阻器的额定功率，为保证电阻器在电路中能正常工作而不被损坏，在选用电阻器时，其额定功率必须留有余量。通常，所选用电阻器的额定功率应大于实际承受功率的两倍以上。此外，需考虑温度对贴片电阻器主要性能指标的影响，一般贴片电阻器在环境温度大于70℃时，其额定功率下降，如图4-14所示。

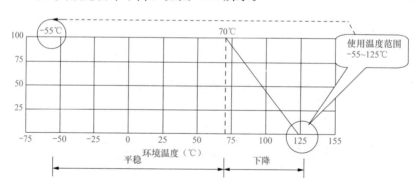

图4-14　环境温度与功率的关系曲线

3 **通用型贴片电阻器的选用**

为了选用、更换的方便，在进行电路设计时应首选通用型贴片电阻器。

4 **根据印刷电路板的位置大小选用贴片电阻器**

在进行电路维修、设计时往往受到印刷电路板位置的限制，对贴片电阻器的封装形式就要有所考虑，否则无法将电阻器安装在相应位置上。如果安装位置比较大，一般选择体积较大的厚膜贴片电阻器；如安装位置较小，就可选择同阻值、同功率的高稳定型贴片电阻器，前者体积要比后者的体积大一倍左右。

5 根据电路特点选用贴片电阻器

在电子设备、家用电器中都选用了各种单元电路，且对每个单元电路都有其具体的要求。其中作为使用率最高的电子元件贴片电阻器，如果选用不当会影响单元电路的正常工作。下面针对不同单元电路对选用贴片电阻器予以介绍。

（1）在高频电路中，由于工作频率较高，则要求贴片电阻器的分布参数越小越好，即电阻器的分布电感应尽量小。一般应选择高频贴片电阻器、精密厚膜贴片电阻器或高稳定型贴片电阻器。

（2）在低频电路中，由于其工作频率较低，对电阻器的分布参数要求不高，因此选用范围较宽。凡是在高频电路中使用的电阻器都可以使用，工作频率在50Hz以下的电路，还可以选用分布参数较大的绕线贴片电阻器和圆柱形贴片电阻器。

6 功率型低阻贴片电阻器的选用

由于功率型低阻贴片电阻器是双功能元件，其损坏率较高，且在更换时较难配到原型号电阻器，为了发挥其双功能元件的作用，选用时必须考虑其工作特点，既能满足在正常条件下的长期稳定的工作，又要保证过载时能快速熔断，以保护其他元器件不受损坏。所以正确地选择阻值与功率就成为选用熔断电阻器的关键点。

值得注意的是，当找不到原型号更换时，也可以采用功率型低阻贴片电阻器串、并联的方法获得。

第二节 贴片电容器

细节 40：贴片电容器的主要性能指标

贴片电容器（又称为片式电容器或片状电容器），属于电容器中的一种结构形式，是由两片金属膜紧靠，中间用绝缘材料隔开而组成的常用贴片元件，其主要特性是阻直流通交流。贴片电容器在电路中一般用"C＋数字"表示，其中 C 表示对应的贴片元件为电容器，数字表示该贴片电容器在电路中的序号。

图 4-15 为常用贴片电容器外形图，图 4-16 为常用贴片电容器电气图形符号，表 4-9 为常用贴片电容器性能比较。

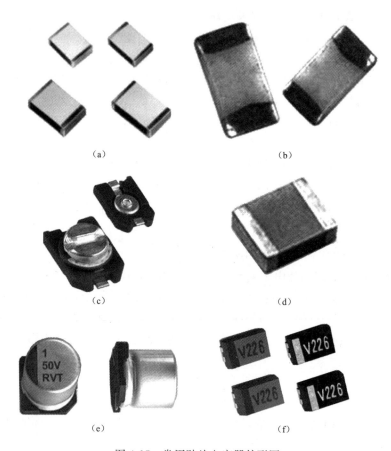

图 4-15　常用贴片电容器外形图

（a）贴片薄膜电容器；（b）贴片铌电解电容器；（c）贴片微调电容器；

（d）贴片陶瓷电容器；（e）贴片铝解电容器；（f）贴片钽解电容器

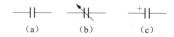

图 4-16　常用贴片电容器电气图形符号

（a）贴片固定电容器；（b）贴片可变电容器；（c）贴片电解电容器

表 4-9 常用贴片电容器性能比较

类型	极性	制作	优点	缺点
贴片 CBB 电容器	无	聚乙烯塑料与金属箔交替夹杂捆绑制作而成	体积较小、高频特性好	稳定性略差
贴片瓷片电容器	无	薄瓷片两面银电极制成	体积小、耐压高	容量低、易碎
贴片电解电容器	有	铝带与绝缘膜相互层叠转捆后浸渍电解液制作而成	容量大	耐压低、高频特性不好
贴片独石电容器	无	陶瓷介质膜片与印刷电极交替叠压，高温共烧制作而成	体积小、高频特性好	热稳定性较差
贴片钽电容器	有	用金属钽作为正极，在电解质外喷金属负极	容量大、高频特性好、稳定性好	造价高
无感 CBB 电容器	无	聚丙乙烯塑料与金属箔交替夹杂捆绑制作而成	高频特性好	耐热性能差、容量小、价格较高

1 贴片电容器的分类

贴片电容器的分类方法有下述几种，如图 4-17 所示。

（1）按工作原理分。分为无极性贴片可变电容器、无极性贴片固定电容器、有极性贴片电容器三类。

（2）按使用材料和结构特性分。有贴片聚乙烯电容器（CBB）、贴片涤纶电容器、贴片瓷片电容器、贴片云母电容器、贴片陶瓷电容器、贴片薄膜电容器、贴片铝电解电容器、贴片钽电容器、贴片铌电解电容器、贴片聚合物固体铝电解电容器、贴片铝固体电解电容器、双电层贴片电容器、贴片微调电容器等。

其中，贴片聚乙烯电容器（CBB）、贴片涤纶电容器、贴片瓷片电容器、贴片云母电容器、贴片陶瓷电容器、贴片薄膜电容器为无极性贴片电容器；贴片铝电解电容器、贴片钽电容器、贴片铌电解电容器、贴片聚合物固体铝电解电容器、贴片铝固体电解电容器、双电层贴片电容器为有极性贴片电容器；贴片微调电容器为无极性贴片可变电容器。

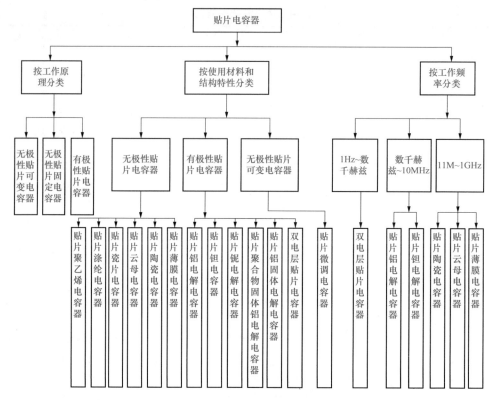

图 4-17　贴片电容器的分类

（3）按工作频率分。使用不同电介质材料制作的电容器，适合于不同的频率条件下进行工作。其中，双电层贴片电容器的工作频率最低，一般为 1Hz 至数千赫兹；贴片铝电解电容器的工作频率在 1MHz 以下；贴片钽电解电容器的工作频率在 10MHz 以下；贴片陶瓷电容器的适用范围为 1kHz 至数百兆赫兹；贴片云母电容器的工作频率从 10kHz 左右开始，直到超过 1GHz；贴片薄膜电容器的工作频率在数千赫兹至数兆千赫兹之间。

值得注意的是，传统插孔电解电容器一般是铝电解电容器，而贴片电解电容器一般是钽贴片电容器，主要原因是铝电解电容器温度稳定性与精度均不高，而贴片元件要紧贴电路板，对温度稳定性要求高，自然铝电解电容器不适用。同理，贴片电容器一般指贴片多层陶瓷电容器，即独石电容器。

2 贴片电容器的主要性能指标

贴片电容器主要性能指标包括：封装尺寸、标称容量与允许偏差、损耗、漏电流、温度系数、额定工作电压、频率特性等。本书中主要介绍几种与贴片陶瓷电容器有关的常见参数。

（1）封装尺寸。与贴片电阻器封装尺寸类似，贴片电容器的封装尺寸规格型号由最初的 3216（3.2mm×1.6mm×1.6mm）型，逐步发展出了 0603（0.6mm×0.3mm×0.3mm）型、0402（0.4mm×0.2mm×0.2mm）型。目前，贴片电容器典型封装尺寸见表 4-10。

表 4-10　　　　　　　　　　贴片电容器典型封装尺寸

型号		尺寸（mm）			
英制	公制	L	W	H	W_B
0402	1005	1.0±0.05	0.50±0.05	0.50±0.05	0.25±0.10
0603	1608	1.60±0.10	0.80±0.10	0.80±0.10	0.30±0.10
0805	2012	2.00±0.02	1.25±0.20	≤0.55 0.80±0.20 1.00±0.20 1.25±0.20	0.50±0.20
1206	3216	3.20±0.30	1.60±0.30	0.80±0.20 1.00±0.20 1.25±0.20 1.60±0.30	0.60±0.30
1210	3225	3.20±0.30	2.50±0.30	≤2.80	0.80±0.30
1808	4520	4.50±0.40	2.00±0.20	≤2.20	0.80±0.30
1812	4532	4.50±0.40	3.20±0.30	≤3.50	0.80±0.30
2225	5763	5.70±0.50	6.30±0.50	≤6.20	1.00±0.40
3035	7690	7.60±0.50	9.00±0.50	≤0.558.10	1.00±0.40

（2）温度系数。温度系数是指在一定温度范围内，温度每变化 1℃，电容量的相对变化量。贴片电容器温度系数的

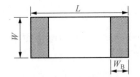
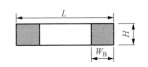

单位为 F/℃，即温度每变化 1℃时，电容量变化多少 F。由于温度变化 1℃时，贴片电容器的容量变化很小，通常贴片电容器的温度系数以 10^{-6}/℃为单位，记作 ppm/℃或 ppm。高频贴片电容器的温度系数 TCC 采用下述表示方式：

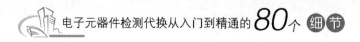

$$TCC = \frac{C_T - C_{20}}{C_{20}(T - 20)}(10^{-6}/℃)$$

式中：将20℃作为基准温度，20℃时的电容量作为基准电容量C_{20}，T为电容器规定的允许工作温度上限，C_T为温度为T时的电容量。

日本工业标准JIS规定，高频贴片电容器的温度系数TCC的大小必须在+250～-1750ppm/℃的范围内，并且用两位英文大写字母代表电容量的额定温度系数和允许偏差。该标准被包括我国在内的多数国家认同。表4-11为高频贴片电容器温度系数的具体规定值及其代码。

表 4-11　　　　　　　　　高频贴片电容器温度系数的规定及代码对照

额定温度系数（$10^{-6}/℃$）	代码	额定温度系数（$10^{-6}/℃$）	代码
+100	A	-1000	Q
0	C	-1500	V
-75	L	+100～-1000	SL
-150	P	+250～-1750	UM
-220	R	±30	G
-330	S	±60	H
-470	T	±120	J
-750	U	±250	K

此外，日本工业标准JIS还规定，低频电容器电容量随温度变化的规律不用温度系数进行描述，而用电容量的变化百分率表示，如下述公式所示。

$$低频电容器电容量变化率 = \frac{C_T - C_{20}}{C_{20}} \times 100\%$$

式中：C_{20}为20℃时对应基准电容量，C_T为电容器规定允许工作温度上限T对应电容量。

（3）额定工作电压。贴片电容器的额定工作电压也称为耐压，是指电容器在规定的温度范围内，能够连续正常工作所能承受的最高电压。对于结构、介质、容量相同的器件，耐压越高，体积越大。

目前，贴片电容器的标称额定工作电压有2.5V、4V、6.3V、10V、16V、20V、25V、35V、40V、50V、63V、100V等。实际应用时，应使贴片电容器实际所加的直流电压始终小于额定直流工作电压；如果所加电压为交流电压，则应使所加的交流电压的最大值不超过额定工作电压。否则贴片电容器中介质会被击穿造成贴片电容器的损坏。

（4）标称容量和允许偏差。标称容量也称额定容量，是指标注在电容器上的电容量，其数值范围应符合《固定电容器标称容量系列》（GB 2471）的规定。电容器容量单位及之间的换算关系在普通电阻器中已讲过，此处不再赘述。

目前，不同种类贴片电容器电容量范围如图 4-18 所示，以供读者选用时参考。

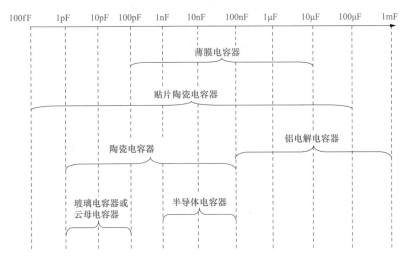

图 4-18　不同种类贴片电容器电容量选择参考

贴片电容器的允许偏差是指电容器的标称容量与实际容量之间允许的最大偏差范围。实际应用时，允许偏差越小的电容器，其容量精度越高，稳定性也越好，但其生产成本相对较高。一般情况下，贴片电容器电容量允许偏差不得低于±5％，即最高精度贴片电容器系列为 E24 系列。常用系列有 E24（对应允许偏差±5％）、E12（对应允许偏差±10％）、E6（对应允许偏差±20％）。

在工程技术中，贴片电容器的电容量允许偏差范围通常在产品包装上用代码进行标注，常用代码与允许偏差的对应关系见表 4-12。

表 4-12　　　　　　　　　　　　**常用代码与允许偏差对照表**

代码	允许偏差	代码	允许偏差	代码	允许偏差
B	±0.10pF	F	±1.0％	K	±10％
C	±0.25pF	G	±2.0％	M	±20％
D	±0.5pF	J	±5.0％		

（5）频率特性。贴片电容器的频率特性是指电容器的电参数随电场频率而变化的性质。在高频条件下工作的电容器，由于介电常数在高频时比低频时小，电容量也相应减小。另外，在高频工作时，电容器的分布参数，如极片电阻、引线与极片间的电阻、极片自身电感等，都会影响电容器的性能。故不同品种的电容

器，其最高使用频率不同。如小型云母电容器在250MHz以内；圆片型瓷介电容器为300MHz；圆管型瓷介电容器为200MHz；圆盘型瓷介电容器可达3000MHz；小型纸介电容器为80MHz；中型纸介电容器只有5MHz。

（6）绝缘电阻。贴片电容器绝缘电阻是指描述电容介质电阻和两电极间外的绝缘物质电阻的综合电阻。一般小容量的电容器，绝缘电阻为几百兆欧姆或几千兆欧姆。通常绝缘电阻越大，漏电越小。

（7）损耗。贴片电容器的损耗是指在电场的作用下，电容器在单位时间内发热而消耗的能量。这些损耗主要来自介质损耗和金属损耗，通常用损耗角正切值进行描述。其中，介质损耗与两极板面积、距离、容量有关。

细节41：贴片电容器允许偏差及标注方法

贴片电容器需标注的主要参数有额定工作电压和标称容量，常用的标注方法有直标法、代码法、色标法三种。

直标法主要应用于体积较大的贴片电容器，代码法主要应用于体积较小的贴片电容器，色标法主要应用于贴片圆柱形电容器，贴片电容器标称阻值代码速查表见附录B。

值得注意的是，贴片陶瓷电容器的体积较小，通常不在电容器上标注参数，仅在产品包装盒上用代码标注额定工作电压、标称容量及允许偏差。

1 直标法

直标法是用阿拉伯数字和单位符号在贴片电容器上直接标出主要参数的标注方法。其中，阿拉伯数字表示额定电压和标称容量。该标注法的优点是直观、易于读数，主要应用于体积较大的贴片铝电解电容器，如图4-19所示。

例如，某贴片铝电解电容器上标注有50V、$47\mu F$，表示该贴片铝电解电容器额定工作电压为50V，标称容量为$47\mu F$。

2 代码法

代码法是用阿拉伯数字或阿拉伯数字与字母按一定规律组合的代码来表示贴片电容器主要参数的标注方法。该标注法的优点是标注方便，主要应用于体积较小的贴片电容器。表示贴片电容器参数的代码主要有数字代码、数字与字母混合代码和字母代码三种。也有些生产厂家采用其他形式的代码。

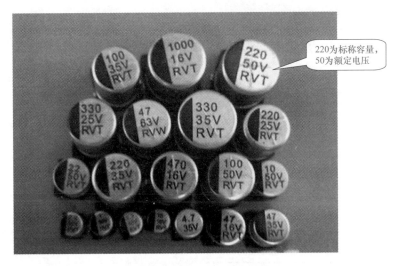

220为标称容量，50为额定电压

图 4-19 贴片铝电解电容器

（1）数字代码。采用数字代码的贴片电容器用三位数字表示电容量；前两位表示有效数字，第三位表示有效数字后零的个数。贴片电容器标称容量数字代码速查表见附录 B。

（2）数字与字母混合代码。部分贴片电容器采用字母与数字组合的代码表示电容量。贴片电容器标称容量数字与字母混合代码速查表见附录 B。通过电容量代码速查表，可以快速识别出贴片电容器的电容量。

例如，A2 表示 100pF，S6 表示 4.7μF。有的生产商在电容量代码的前面加一个字母来表示厂家，如基美（Kemet）公司生产的 Y5V 贴片陶瓷电容器，用字母 K（通常带横杠）表示 Kemet 公司。

威世（Vishay）公司生产的塑模贴片铝电解电容器用字母代表额定电压及小数点，与代表电容量的两位数字组成标注代码，单位为 μF。例如，C68 表示 0.68μF、6.3V，1G0 表示 1.0μF、40V，68H 表示 68μF、63V。

塑模贴片铝电解电容器额定电压代码与额定电压的对应关系见表 4-13。其标志代码与标称容量及额定电压的对应关系见表 4-14。

表 4-13　　　　塑模贴片铝电解电容器额定电压代码与额定电压对照

电压代码	额定电压（V）	电压代码	额定电压（V）	电压代码	额定电压（V）
C	6.3	E	16	G	40
D	10	F	25	H	63

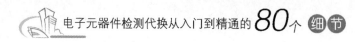

表 4-14 塑模贴片铝电解电容标志代码与标称容量及额定电压对照

代码标志	标称容量及额定电压	代码标志	标称容量及额定电压
C10	$0.10\mu F$、$6.3V$	H15	$0.15\mu F$、$63V$
C15	$0.15\mu F$、$6.3V$	H22	$0.22\mu F$、$63V$
C22	$0.22\mu F$、$6.3V$	H33	$0.33\mu F$、$63V$
C33	$0.33\mu F$、$6.3V$	H47	$0.47\mu F$、$63V$
C47	$0.47\mu F$、$6.3V$	H68	$0.68\mu F$、$63V$
C68	$0.68\mu F$、$6.3V$	1C0	$1.0\mu F$、$6.3V$
D10	$0.10\mu F$、$10V$	1C5	$1.5\mu F$、$6.3V$
D15	$0.15\mu F$、$10V$	2C2	$2.2\mu F$、$6.3V$
D22	$0.22\mu F$、$10V$	3C3	$3.3\mu F$、$6.3V$
D33	$0.33\mu F$、$10V$	4C7	$4.7\mu F$、$6.3V$
D47	$0.47\mu F$、$10V$	6C8	$6.8\mu F$、$6.3V$
D68	$0.68\mu F$、$10V$	1D0	$1.0\mu F$、$10V$
E10	$0.10\mu F$、$16V$	1D5	$1.5\mu F$、$10V$
E15	$0.15\mu F$、$16V$	2D2	$2.2\mu F$、$10V$
E22	$0.22\mu F$、$16V$	3D3	$3.3\mu F$、$10V$
E33	$0.33\mu F$、$16V$	4D7	$4.7\mu F$、$10V$
E47	$0.47\mu F$、$16V$	6D8	$6.8\mu F$、$10V$
E68	$0.68\mu F$、$16V$	1E0	$1.0\mu F$、$16V$
F10	$0.10\mu F$、$25V$	1E5	$1.5\mu F$、$16V$
F15	$0.15\mu F$、$25V$	2E2	$2.2\mu F$、$16V$
F22	$0.22\mu F$、$25V$	3E3	$3.3\mu F$、$16V$
F33	$0.33\mu F$、$25V$	4E7	$4.7\mu F$、$16V$
F47	$0.47\mu F$、$25V$	6E8	$6.8\mu F$、$16V$
F68	$0.68\mu F$、$25V$	1F0	$1.0\mu F$、$25V$
G10	$0.10\mu F$、$40V$	1F5	$1.5\mu F$、$25V$
G15	$0.15\mu F$、$40V$	2F2	$2.2\mu F$、$25V$
G22	$0.22\mu F$、$40V$	3F3	$3.3\mu F$、$25V$
G33	$0.33\mu F$、$40V$	4F7	$4.7\mu F$、$25V$
G47	$0.47\mu F$、$40V$	6F8	$6.8\mu F$、$25V$
G68	$0.68\mu F$、$40V$	1G0	$1.0\mu F$、$40V$
H10	$0.10\mu F$、$63V$	1G5	$1.5\mu F$、$40V$

续表

代码标志	标称容量及额定电压	代码标志	标称容量及额定电压
2G2	2.2μF、40V	15E	15μF、16V
3G3	3.3μF、40V	22E	22μF、16V
4G7	4.7μF、40V	33E	33μF、16V
6G8	6.8μF、40V	47E	47μF、16V
1H0	1.0μF、63V	68E	68μF、16V
1H5	1.5μF、63V	10F	10μF、25V
2H2	2.2μF、63V	15F	15μF、25V
3H3	3.3μF、63V	22F	22μF、25V
4H7	4.7μF、63V	33F	33μF、25V
6H8	6.8μF、63V	47F	47μF、25V
10C	10μF、6.3V	68F	68μF、25V
15C	15μF、6.3V	10G	10μF、40V
22C	22μF、6.3V	15G	15μF、40V
33C	33μF、6.3V	22G	22μF、40V
47C	47μF、6.3V	33G	33μF、40V
68C	68μF、6.3V	47G	47μF、40V
10D	10μF、10V	68G	68μF、40V
15D	15μF、10V	10H	10μF、63V
22D	22μF、10V	15H	15μF、63V
33D	33μF、10V	22H	22μF、63V
47D	47μF、10V	33H	33μF、63V
68D	68μF、10V	47H	47μF、63V
10E	10μF、16V	68H	68μF、63V

（3）字母代码。贴片电容器容量用字母表示，如罗姆（ROHM）公司生产的 TC 系列贴片钽电解电容器采用两个字母组成代码表示额定电压和标称容量。其中，前面的字母表示额定电压，后面的字母表示标称容量。电压代码与额定电压的对应关系见表 4-15，电容量代码与标称容量的对应关系见表 4-16。例如，代码 ja 表示 6.3V、10μF，Cj 表示 16V、22μF，V $\bar{\text{j}}$ 表示 35V、220μF。

表 4-15　　　　　　　　　　额定电压与电压代码对照

电压代码	额定电压（VDC）	电压代码	额定电压（VDC）	电压代码	额定电压（VDC）
e	2.5	A	10	E	25
g	4	C	16	V	35
j	6.3	D	20		

表 4-16 标称容量与电容量代码对照

容量代码	标称容量（μF）	容量代码	标称容量（μF）	容量代码	标称容量（μF）
A	1.0	a	10	$\bar{a}$	100
E	1.5	e	15	$\bar{e}$	150
J	2.2	j	22	$\bar{j}$	220
N	3.3	n	33	$\bar{n}$	330
S	4.7	s	47		
W	6.8	w	68		

（4）其他代码标志。有些贴片电容器厂家生产的产品，在参数的标注上差异较大，实际应用时应注意区别。现在将几个较大公司的代码标志介绍如下。

1）尼吉康公司的代码标志。尼吉康（Nichicon）公司生产的贴片铝电解电容器，虽然也用三位数字表示标称容量，但表示的标称容量值与之前介绍的却不同。例如，其 470 代码表示的标称容量为 47μF，而通用贴片电容器的 470 代码则表示标称容量为 47pF。

该公司贴片铝电解电容器的电压代码和固体钽电解电容器的容量代码也与同类型电容器有所不同。该公司贴片铝电解电容器容量代码与标称容量的对应关系见表 4-17；固体钽电解电容器容量代码与标称容量的对应关系见表 4-18；电解电容器电压代码与额定电压的对应关系见表 4-19。

表 4-17 尼吉康公司贴片铝电解电容容量代码与标称容量对照

容量代码	标称容量（μF）	容量代码	标称容量（μF）	容量代码	标称容量（μF）
0R1	0.1	5R6	5.6	471	470
R22	0.22	6R8	6.8	561	560
R33	0.33	100	10	681	680
R47	0.47	200	22	102	1000
R56	0.56	330	33	222	2200
R68	0.68	470	47	332	3300
010	1	680	68	472	4700
2R2	2.2	101	100	682	6800
3R3	3.3	221	220		
4R7	4.7	331	330		

表 4-18 尼吉康公司固体钽电解电容器容量代码与标称容量对照

容量代码	标称容量（μF）	容量代码	标称容量（μF）	容量代码	标称容量（μF）
W7	68	J8	220	S8	680
A8	100	N8	330	680	68
E8	150	W8	470		

表 4-19　　　　　　　尼吉康电解电容器容量代码与标称容量对照

电压代码	额定电压（V）	电压代码	额定电压（V）	电压代码	额定电压（V）
e	2.5	A	10	E	25
g	4	C	16	V	35
j	6.3	D	20	H	50

2）AVX 公司的代码标志。AVX 公司生产的贴片钽电解电容器的容量代码和电压代码与通用代码也有很大区别。AVX 公司贴片钽电解电容器容量代码与标称容量的对应关系见表 4-20；电压代码与额定电压的对应关系见表 4-21。

表 4-20　　　　AVX 公司贴片钽电解电容器容量代码与标称容量对照表

容量代码	标称容量（μF）	容量代码	标称容量（μF）	容量代码	标称容量（μF）
104	0.1	475	4.7	227	220
154	0.15	685	6.8	337	330
224	0.22	106	10	477	470
334	0.33	156	15	687	680
474	0.47	226	22	108	1000
684	0.68	336	33	158	1500
105	1	476	47	228	2200
155	1.5	686	68	338	3300
225	2.2	107	100		
335	3.3	157	150		

表 4-21　　　　AVX 公司贴片钽电解电容器电压代码与额定电压对照

电压代码	额定电压（V）	电压代码	额定电压（V）	电压代码	额定电压（V）
x	1.8	A	10	V	35
e 或 F	2.5	C	16	T	50
G	4	D	20		
J	6.3	E	25		

 细节 42：贴片电容器的检测

贴片电容器的检测与插孔电容器检测技巧、注意事项基本相同。常用方法有专用仪器法和万用表检测法。本章以万用表检测法为例，介绍贴片电容器的检测技巧。

1 固定贴片电容器的检测

使用万用表检测贴片电容器通常利用欧姆挡测量贴片电容器的性能好坏、容量、电解电容器的极性等。在测试时万用表量程应与贴片电容器容量成反比。例如，5000pF～1μF 的贴片电容器应选用 $R\times10k\Omega$ 量程；$1～20\mu F$ 的贴片电容器应选用 $R\times1k\Omega$ 量程；$20\mu F$ 以上的贴片电容器应选用 $R\times10\Omega$ 或 $R\times100\Omega$ 量程；5000pF 以下的电容器则应选用专用仪表测量。

（1）固定贴片电容器性能好坏的判别。固定贴片电容器性能好坏的判别是指通过万用表欧姆挡，判别所测量贴片电容器是否开路、短路、漏电等主要性能指标的简易检测办法。利用万用表判别固定贴片电容器性能好坏的方法如图 4-20 所示。

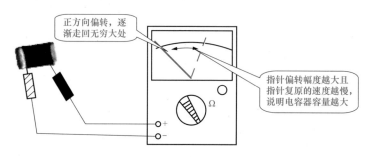

正方向偏转，逐渐走回无穷大处

指针偏转幅度越大且指针复原的速度越慢，说明电容器容量越大

图 4-20　固定贴片电容器性能好坏的检测

在图 4-20 中，将万用表的两表笔接触贴片电容器的两极，表头指针应先正方向偏转，然后反方向逐步返回，即返回至 $R=\infty$ 处。如果不能复原，则稳定后的读数表示贴片电容器漏电。

该电阻值越大，贴片电容器绝缘性能越好。如果在测试时，表头指针无偏转现象，则说明贴片电容器内部已断路，不能使用。如果表头指针正偏后无返回现象，且电阻值很小或为零，说明贴片电容器内部已短路，同样不能使用。

（2）贴片电容器容量的判别。如图 4-20 所示，用表笔接触贴片电容器两端时，表头指针先正偏，然后缓慢返回至 $R=\infty$ 处。接着对调红黑表笔，表头指针又偏摆，偏摆幅度较前次较大，并又缓慢返回至 $R=\infty$ 处。贴片电容器的容量越大，表头指针偏转幅度越大，且指针复原的速度越慢。依据这一点，可以粗略判别贴片电容器容量大小。

（3）贴片电解电容器极性的判别。贴片电解电容器的极性一般可通过其外壳极性标志识别。当通过外壳极性标志无法识别时，也可利用万用表根据贴片电解电容器正接（万用表的黑表笔接正极，红表笔接负极）时漏电电阻大，反接时漏电电阻小的现象判别其极性。利用万用表判别贴片电解电容器极性的方法如图 4-21 所示。

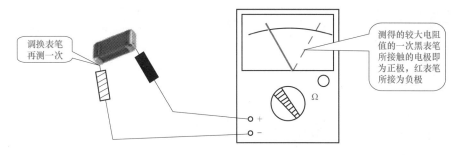

图 4-21　贴片电解电容器极性的判别

在图 4-21 中，用万用表先测量一下贴片电解电容器漏电电阻值，然后将两表笔对调一下，再测量其漏电电阻值。两次测量中，测得电阻值大的一次，黑表笔所接触的电极即为贴片电解电容器正极，红表笔所接则为负极。

2 贴片可变电容器的检测

贴片可变电容器主要用于调谐、振荡电路等领域（如收音电路等），其容量可在一定范围内调节。它的检测主要包括两方面内容，分别将其介绍如下。

（1）检查转轴机械性能。用与贴片可变电容器调节槽口匹配的刀具旋转转轴，应感觉十分平滑，不应感觉有时松有时紧甚至卡滞的现象。将转轴向前、后、左、右等各个方向推动时，转轴不应有松动的现象。

（2）检查动片与定片间有无碰片短路或漏电。利用万用表检查动片与定片间有无碰片短路或漏电的方法如图 4-22 所示。

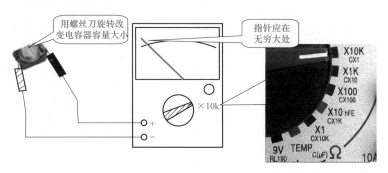

图 4-22　贴片可变电容器的检测方法

将万用表置于"$R \times 10k$"挡，一只手将两个表笔分别接贴片可变电容器的动片和定片的引出线，另一只手通过刀具将转轴缓慢旋转几周，万用表指针都应在无穷大位置不动。在测量过程中，如果指针有时指向零，说明动片和定片之间存在碰片短路点；如旋到某一角度，万用表读数出现一定阻值，说明贴片可变电容器动片和定片之间存在漏电现象。

对于双连贴片可变电容器或多连贴片可变电容器，也可用上述方法检测其他组动片和定片之间有无碰片短路或漏电现象。

细节43：贴片电容器的选用、代换

贴片电容器的选用、代换基本原则是：换同规格、同容量、同类型、同尺寸的贴片电容器。

一般电子产品中不知道贴片电容器的耐压时，可以根据贴片电容器所处电路类型、电压状态确定。若没有恰当型号贴片电容器选用或代换时，选用或代用的原则如下。

（1）代换的贴片电容器容量的选择应视所处电路类型而定。一般情况标称值可允许有±10%的波动，对电源滤波电容、旁路电容等，波动的范围还可适当增大，但对有些电路电容器必须按原标称值进行代换，否则将造成电路不能正常工作。

如常用的谐振电路、时间常数电路的电容器代换时必须按标称值选择电容器，否则将造成频率或相位的偏移，从而使相应电路出现不同步或不同相现象。另外，耦合电容通常也必须按原标称值代换。

（2）代换贴片电容器的额定工作电压必须大于实际电路的工作电压。若额定工作电压选择过低，很容易被击穿损坏。

（3）贴片云母电容器、贴片瓷介电容器可代换贴片纸介电容器；贴片瓷介电容器可代换贴片云母电容器和贴片玻璃釉电容器。高频贴片电容器可代换低频贴片电容器；额定工作电压高的贴片电容器可代换额定电压低的贴片电容器。

（4）贴片电容器的电容量没有合适的进行选用或代换时，可采用电容器的串联、并联来获得较合适的电容量。如果电容器的额定工作电压不够，也可以采用串联的方法提高其工作电压。

但应注意，电容器并联后，可提高电容量，但不能改变额定工作电压的大小；电容器串联后，可提高额定工作电压，但电容量要减小。

（5）尽量选用标准和通用元器件，慎重选用新品种和非标准元器件。

第三节　贴片电感器

 细节 44：贴片电感器的主要性能指标

　　贴片电感器（又称为片式电感器或片状电感器）属于电感器中的一种结构形式，在电子电路中是三大主要电子贴片元件（电阻器、电容器、电感器）之一。在电路中主要起扼流、退耦、滤波、调谐、延迟、补偿等作用。贴片电感器在电路中一般用"L＋数字"表示，其中 L 表示对应的贴片元件为电感器，数字表示该贴片电感器在电路中的序号。

　　图 4-23 为常用贴片电感器外形图，图 4-24 为常用贴片电感器电气图形符号。

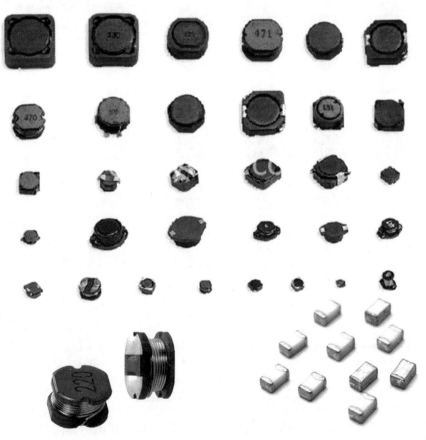

图 4-23　常见贴片电感器的外形

表4-22为贴片电感器常用英文缩写与中英文名词对照表。

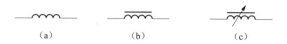

(a)　　　　　　　　(b)　　　　　　　　(c)

图 4-24　常用贴片电感器电路符号

（a）普通贴片电感器；（b）带磁心贴片电感器；（c）可调贴片电感器

表 4-22　　　　　　　　贴片电感器常用英文缩写与中英文名词对照表

英文缩写	英文名词	中文名词
FCI	Ferrite Chip Inductor	铁氧体贴片叠层电感器
WWCI	Wire Wound Chip Inductor	绕线贴片电感器
RCI	Radial Choke Inductor	工字型贴片电感器
PSPI	PIO Series Power Inductor	功率型贴片电感器
CHFI	Chip High Frequency Inductor	叠层高频贴片电感器

1 贴片电感器的分类

因为想获得稳定性好、电感量能够满足电路要求、Q 值高的贴片电感器，在制作工艺上就会遇到许多矛盾和困难，若为了缩小电感器的体积而减小其外形尺寸，电感量也会随之减小，故电感器是片式化发展起步最晚的一种，目前，贴片电感器的分类方法如图 4-25 所示，其详细介绍如下。

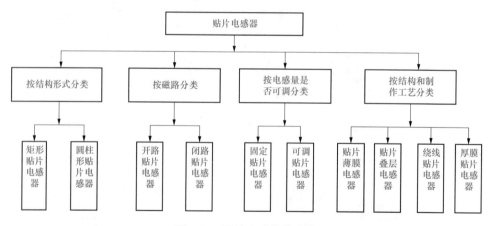

图 4-25　贴片电感器的分类

（1）按结构形式分。有矩形贴片电感器和圆柱形贴片电感器两类。其中，矩形贴片电感器具有高频特性好、性能稳定等特点，主要应用于频率较高的电子电路。圆柱形贴片电感器实质上是将插孔电感器引线去掉而成的，具有高频特性差、噪声低等特点，主要应用于频率较低的电子电路。

（2）按磁路分。可分为开路贴片电感器和闭路贴片电感器两类。

（3）按电感量是否可调分。可分为固定贴片电感器和可调贴片电感器两类。其中，固定贴片电感器主要实现扼流、退耦、滤波等功能，可调贴片电感器主要实现调谐、延迟、补偿等功能。

（4）按结构和制作工艺分。可分为贴片薄膜电感器、贴片叠层电感器、绕线贴片电感器、厚膜贴片电感器等类型。

2 贴片电感器的主要性能指标

贴片电感器的主要性能指标包括电感量与允许偏差、温度系数、额定电流、直流电阻、Q 值、自谐频率、封装尺寸、损耗等。对于这些指标，并不是用到每一只贴片电感器时全都要考虑，故此处仅介绍几个常用指标。

（1）电感量与允许偏差。电感量是指电感器利用将电流变化转换为感应电动势的方法阻碍电流变化的特性。贴片电感器的允许偏差是指电感器的标称电感量与实际电感量之间允许的最大偏差范围。

由第一章可知，电感器电感量的基本单位是亨利（简称亨），用字母"H"表示，常用单位有毫亨（mH）、微亨（μH）和纳亨（nH），它们间的换算关系此处也不再赘述。在实际应用时，允许偏差越小的电感器，其电感量精度越高，稳定性也越好，但其生产成本相对较高。目前，贴片电感器电感量的分布范围很宽，且不同类型的贴片电感器电感量范围也不同。表 4-23 为不同类型贴片电感器电感量及允许偏差范围，供读者选用时参考。

（2）温度系数。影响标称电感量与实际电感量之间差异的因素，除了在常温下两者之间的偏差之外，还有在温度变化时引起的电感量温度漂移。通常情况下，由于铁氧体的磁导率具有较大的温度系数以及温度非线性，故当需要

表 4-23 不同类型贴片电感器电感量及允许偏差

类型	电感量范围	允许偏差
贴片薄膜电感器	0.6～100nH	±2%
贴片叠层电感器	50nH～100μH	±10%
绕线贴片电感器	10nH～10mH	±5%

关注电感量的温度漂移时，应该对铁氧体贴片叠层电感器以及以铁氧体为磁心的绕线贴片电感器给予特殊的考虑，而其他类型的贴片电感器的电感量温度漂移则要小得多。

（3）直流电阻。直流电阻（DCR）是指贴片电感器在无交流信号时所测得的电阻值。在设计中，一般要求贴片电感器的直流电阻尽可能小，直流电阻的单位为欧姆，通常标称的是其最大值。一般情况下，在三种贴片电感器之中，贴片薄膜电感器中薄膜导体的直流电阻值最大，绕线贴片电感器中导线的直流电阻

最小。

（4）Q值。贴片电感器损耗（角正切）的倒数称为贴片电感器的 Q 值，也称为品质因数。贴片电感器损耗主要包括导体损耗与磁性材料损耗两部分。其中，导体损耗是指构成线圈的薄膜导体、厚膜导体或者绕制导线的电阻所形成的损耗；磁性材料损耗主要来自电感器磁性介质材料，如铁氧体磁心或者铁心等铁磁材料的磁滞损耗。故贴片薄膜电感器的 Q 值最低，线绕贴片电感器的 Q 值最高。

（5）额定电流。贴片电感器的额定电流是指电感器在规定的温度范围内，能够持续正常工作所能承受的最大电流。实际应用时，应使贴片电感器实际所通过的工作电流始终小于额定电流，否则将使贴片电感器性能变差甚至烧毁。

（6）自谐频率。自谐频率（Self Resonance Frequency，SRF）是指贴片电感器的分布电容与电感量发生谐振的频率。

 细节 45：贴片电感器允许偏差及标注方法

贴片电感器需标注的主要性能指标是电感量及允许偏差。在工程技术中，通常在体积较大的贴片电感器上标注电感量代码或电感量与允许偏差的组合代码，其他参数都标注在产品的包装盒上；而小体积的贴片电感器则不标注参数，参数都标注在产品的包装盒上。此外，不同厂家的贴片电感器具有不同的产品型号，下面分别予以介绍，贴片电感器标称电感量代码速查表见附录 C。

（1）电感量及代码。贴片电感器电感量的代码通常由三位数字或一个字母（N 或 R）与两位数字组成。其中数字表示电感量有效数字，字母表示单位及小数点。贴片电感器标称电感量代码速查表见附录 C。

（2）允许偏差及代码。目前，贴片电感器的电感量允许偏差代码用字母表示。其允许偏差代码与允许偏差的对应关系见表 4-24。

表 4-24　　　　　　　　　　允许偏差及其代码对照

代码	允许偏差	代码	允许偏差	代码	允许偏差
B	±0.1nH	H	±3%	N	±30%
C	±0.2nH	J	±5%	S	±0.3nH
D	±0.5nH	K	±10%	W	±0.5nH
G	±2%	M	±20%		

（3）个别厂家标注。接下来以日本 KOA 公司生产的贴片电感器为例，它的代码及参数见表 4-25。

表 4-25 　　　　　　　　　　　　KOA 型贴片电感器的代码及参数

代码标志	对应型号	封装形式	主要参数及说明
18	KL73□2A18N	0805	18nH、500MHz，薄膜
1.0	KL73□2A1N0C	0805	1.0nH、500MHz，薄膜
1.2	KL73□2A1N2C	0805	1.2nH、500MHz，薄膜
1.5	KL73□2A1N5C	0805	1.5nH、500MHz，薄膜
1.8	KL73□2A1N8C	0805	1.8nH、500MHz，薄膜
1R0	KQ1008□1R0	1008	1000nH、25MHz，空心线绕
1R1	PL3225TTE1R1M	3225	1.1nH、1MHz，薄膜
1R2	KQ1008□1R2	1008	1200nH、7.9MHz，空心线绕
2.2	KL73□2A2N2C	0805	2.2nH、500MHz，薄膜
2.7	KL73□2A2N7C	0805	2.7nH、500MHz，薄膜
2N2	KL73□2B2N2C	1206	2.2nH、500MHz，薄膜
2N7	KL73□2B2N7C	1206	2.7nH、500MHz，薄膜
3N3	KL73□2B3N3C	1206	3.3nH、500MHz，薄膜
3N9	KL73□2B3N9C	1206	3.9nH、500MHz，薄膜
3R3	KQ1008□3R3	1008	3300nH、7.9MHz，空心线绕
3R9	KQ1008□3R9	1008	3900nH、7.9MHz，空心线绕
4.7	KL73□2A4N7C	0805	4.7nH、500MHz，薄膜
4N7	KL73□2B4N7C	1206	4.7nH、500MHz，薄膜
4R7	KQ1008□4R7	1008	4700nH、7.9MHz，空心线绕
8N2	KL73□2B8N2	1206	8.2nH、500MHz，薄膜
8R2	KQ1008□8R2	1008	8200nH、7.9MHz，空心线绕
A	KQ0603□8N2	0603	8.2nH、250MHz，空心线绕
B	KQ0603□9N5	0603	9.5nH、250MHz，空心线绕
C	KQ0603□1N6	0603	1.6nH、250MHz，空心线绕
E	KQ0603□3N6	0603	3.6nH、250MHz，空心线绕
F	KQ0603□4N3	0603	4.3nH、250MHz，空心线绕
G	KQ0603□4N7	0603	4.7nH、250MHz，空心线绕
H	KQ0603□7N5	0603	7.5nH、250MHz，空心线绕
H1	KL73□1J18N	0603	18nH、200MHz，薄膜
H2	KL73□1J22N	0603	22nH、200MHz，薄膜
H3	KL73□1J27N	0603	27nH、200MHz，薄膜
H4	KL73□1J33N	0603	33nH、200MHz，薄膜
H5	KL73□1J39N	0603	39nH、200MHz，薄膜
H6	KL73□1J47N	0603	47nH、200MHz，薄膜
H7	KL73□1J56N	0603	56nH、200MHz，薄膜
H8	KL73□1J68N	0603	68nH、200MHz，薄膜

续表

代码标志	对应型号	封装形式	主要参数及说明
H9	KL73□1J82N	0603	82nH、200MHz，薄膜
J	KQ0603□8N7	0603	8.7nH、250MHz，空心线绕
K	KQ0603□11N	0603	11nH、250MHz，空心线绕
L	KQ0603□16N	0603	16nH、250MHz，空心线绕
L1	KL73□1J1N0C	0603	1.0nH、500MHz，薄膜
L2	KL73□1J1N2C	0603	1.2nH、500MHz，薄膜
L3	KL73□1J1N5C	0603	1.5nH、500MHz，薄膜
L4	KL73□1J1N8C	0603	1.8nH、500MHz，薄膜
M	KQ0603□24N	0603	24nH、250MHz，空心线绕
N	KQ0603□30N	0603	30nH、250MHz，空心线绕
P	KQ0603□36N	0603	36nH、250MHz，空心线绕
Q	KQ0603□43N	0603	43nH、250MHz，空心线绕
R10	KQ1008□R10	1008	100nH、25MHz，空心线绕
R12	KQ1008□R12	1008	120nH、25MHz，空心线绕
R15	KQ1008□R15	1008	150nH、25MHz，空心线绕
R18	KQ1008□R18	1008	180nH、25MHz，空心线绕
R22	KQ1008□R22	1008	220nH、25MHz，空心线绕
R27	KQ1008□R27	1008	270nH、25MHz，空心线绕
R33	KQ1008□R33	1008	330nH、25MHz，空心线绕
R39	KQ1008□R39	1008	390nH、25MHz，空心线绕
R47	KQ1008□R47	1008	470nH、25MHz，空心线绕
S	KQ0603□23N	0603	23nH、250MHz，空心线绕
W	KQ0603□R25	0603	250nH、100MHz，空心线绕
X	KQ0603□3N3	0603	3.3nH、250MHz，空心线绕
Y	KQ0603□5N1	0603	5.1nH、250MHz，空心线绕

 细节 46：贴片电感器的检测

贴片电感器的检测较简单，一般可以用万用表欧姆挡检测其性能好坏。此外，也可以用贴片测试笔进行检测。此处以万用表检测贴片电感器性能好坏为例来介绍。

利用指针万用表检测贴片电感器时，通常利用其"$R \times 1$"挡检测其性能好坏，其检测方法如图 4-26 所示。

在图 4-26 中，将万用表拨至"$R \times 1$"挡后调零，然后将两表笔接触待测贴片电感器两电极，此时万用表读数即为贴片电感器直流电阻。若测得阻值为∞，

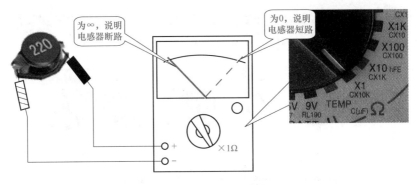

图 4-26　贴片电感器检测方法

则说明该贴片电感器断路损坏；若测得阻值比正常值小得多，则说明该贴片电感器局部短路；若测得阻值为 0，则说明该贴片电感器完全短路。对于有金属屏蔽罩的贴片电感器，还需检查它的线圈与屏蔽罩是否短路。

 细节 47：贴片电感器的选用、代换

贴片电感器的选用、代换较简单，主要考虑下述因素。

（1）高密度装配的电子电路中要选择外形小的贴片电感器。

（2）为便于焊接，应优先设计、选用扁平底座的贴片电感器。

（3）为实现自动表面贴装需要，应优先选择满足防静电类型封装要求的贴片电感器。

（4）代换贴片电感器的额定电流必须大于实际电路的工作电流。若额定电流选择过低，很容易影响电感器性能或烧毁电感器。

（5）尽量选用标准和通用元器件，慎重选用新品种和非标准元器件。

第四节　贴片二极管

 细节 48：贴片二极管的主要性能指标

贴片二极管（SMTDiode）又称为片式二极管或片状二极管，属于二极管中的一种结构形式。该类型二极管在各种小型电子产品及通信设备中应用广泛。贴片二极管的内部结构由一个 PN 结，再加上相应的正负电极，然后用玻璃、塑料等封装而成。普通贴片二极管在电路中一般用"VD＋数字"表示，稳压贴片二极管在电路中常用 VS＋数字表示。其中，VD 或 VS 表示对应的贴片器件为二极管，数字表示该贴片二极管在电路中的序号。

图 4-27 为贴片二极管常见外形及封装形式，图 4-28 为常用贴片二极管电气图形符号。表 4-26 为贴片二极管常用英文缩写与中英文名词对照。

（a）

ESC　　　　　ELP-2　　　　　SMA

SMB　　　　　SMC　　　　　SMF

TFSC　　　　　TFSM　　　　　SOD-123

USC　　　　　USF　　　　　VSC

（b）

图 4-27　贴片二极管常见外形及封装形式

（a）贴片二极管常见的外形；（b）贴片二极管常用封装形式

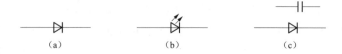

（a）　　　　　　（b）　　　　　　（c）

图 4-28　常用贴片二极管电气图形符号（一）

（a）贴片二极管一般符号；（b）发光贴片二极管；（c）变容贴片二极管；

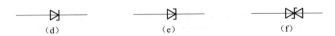

（d）　　　　　　　　（e）　　　　　　　　（f）

图 4-28　常用贴片二极管电气图形符号（二）

（d）稳压贴片二极管；（e）隧道贴片二极管；（f）双向击穿贴片二极管

表 4-26　　　　　　　　　　贴片二极管常用英文缩写与中英文名词对照

英文缩写	英文名词	中文名词
C_{VD}	Diode Capacitance	二极管电容
C_j	Junction Capacitance	结电容
I_F	Max. Instantaneous Current	额定正向整流电流
I_R	Forward Current	反向电流
I_m	Forward Continuous Current	最大额定电流
P_D	Max. Steady Power Dissipation	最大允许功耗
T_j	Max. Operation Temperature Range	最大允许操作温度范围
$V_{(BR)}$	Reverse Breakdown Voltage	反向击穿电压
V_R	Forward Voltage	反向电压

1 贴片二极管的分类

目前，贴片二极管的分类方法有下述几种。

（1）按承受电流分。有小电流型贴片二极管和大电流型贴片二极管两类。其中，小电流型贴片二极管的封装有 1206 等；大电流型贴片二极管的封装具体尺寸为 5.5mm×3mm×0.5mm。

（2）按封装外形分。可分为圆柱无引线型贴片二极管、矩形贴片二极管和多端封装结构贴片二极管等类型。其中，圆柱无引线贴片二极管是将二极管芯片装在具有内部电极的玻璃管中，两端采用金属帽做电极端贴焊，高速开关贴片二极管、通用贴片二极管、齐纳贴片二极管等均有采用该类型封装产品供用户选用。矩形贴片二极管常应用于高频电路。多端封装结构贴片二极管一般采用 SOT23 等封装。

　　值得注意的是，同一种贴片二极管可能具有不同的封装结构，因此在使用时，应注意型号前缀、后缀、厂家以及具体特点的确定。例如，4148 型开关贴片二极管的常用封装见表 4-27。

表 4-27　　　　　　　　　　4148 型开关贴片二极管的常用封装

封装		
SINLOON公司的CD4148 CHIP DIODE	SOD123	Vishay公司的LL4148
ROHM公司的RLS4148	FAIRCHILD公司的LL4148 SOD80	GENERAL.的LL4148 SOD80C

（3）按功能与特点分。可分为变容贴片二极管、稳压贴片二极管、瞬态电压抑制贴片二极管、快速恢复贴片二极管、整流贴片二极管、肖特基贴片二极管、开关贴片二极管、发光贴片二极管等。

（4）按封装材料分。可分为塑封贴片二极管、玻封贴片二极管两类。其中，塑封贴片二极管是一种小型化、片式化、无引脚的贴装塑封二极管（二极管芯片用环氧体树脂热塑封装）；玻封贴片二极管是一种封装成小型化、片式化、无引脚型、可用于表面贴装的玻封二极管（利用玻璃高温熔化后包裹二极管芯片而封装成的一种二极管）。

（5）按功能与组合特点分。可分为贴片整流桥堆和组合贴片二极管。其中，贴片整流桥堆一般采用玻璃封装，常用于直流稳压电源电路；组合贴片二极管内部不只包含一只二极管，具有双贴片共阳二极管、双贴片共阴二极管等种类。

❷ 贴片二极管的主要性能指标

贴片二极管的性能指标是用来表征其各方面的性能和适应范围的数据，是选择和运用贴片二极管的依据。贴片二极管的参数很多，这里选主要的加以介绍。

（1）最大额定电流 I_m。它是指贴片二极管长时间正常工作时，允许通过贴片二极管的最大正向电流值。不同用途的贴片二极管对这一参数的要求不同，如当贴片二极管用来作为检波管时，由于工作电流很小，所以对这一参数的要求不高；当贴片二极管用来作为整流管时，其通过的工作电流较大，此时 I_m 为一个重要的参数。在使用时，电路的最大电流不能超过此值，否则会因过热而烧毁。在一些大电流的整流电路中，为了帮助整流二极管散热，通常加散热片。

（2）最大反向工作电压 V_{RM}。它是指贴片二极管正常工作时所能承受的最大反向电压值。在使用时，为了使贴片二极管不被击穿，要求实际的反向电压不能超过 V_{RM}。

（3）反向电流 I_R。它是指给贴片二极管加上规定的反向偏置电压时，通过贴片二极管的反向电流值。I_R 的大小，反映了贴片二极管单向导电性能的好坏，通常其数值越小越好。

（4）最高工作频率 f_{max}。它是指贴片二极管保持良好工作特性时对应的最高频率。贴片二极管可以用于直流电路中，也可以用于交流电路中。在交流电路中交流信号的频率高低对贴片二极管的正常工作是有影响的，信号频率高时要求贴片二极管的工作频率也要高，否则贴片二极管就不能很好地起作用。

贴片二极管除以上参数外还有功率损耗、结电容、温度系数、效率、动态电阻、反向漏电流等参数。

 细节 49：贴片二极管的命名规则

目前，部分贴片二极管的型号仍是沿用引线式二极管的型号，如整流二极管 1N4001～1N4007、开关管 1N4148 等，贴片二极管标称阻值代码速查表见附录 D。该类型二极管型号由以下 5 部分组成。

（1）第一部分：表示电极数目，数字"2"表示二极管。

（2）第二部分：表示材料和极性，用字母表示。

（3）第三部分：表示类型，用字母表示。

（4）第四部分：表示序号，用数字表示。

（5）第五部分：表示规格代号，用字母 A、B、C、D 表示。

其中，A 承受的反向击穿电压最低，B 次之……半导体二极管型号中第二部分、第三部分字母所表达的含义见表 4-28。

表 4-28 二极管型号第二、第三部分字母含义对照

第二部分 材料与极性		第三部分 类型	
字母	含义	字母	含义
A	N 型锗材料	P	普通管（小信号管）
		W	稳压管、电压调整管和电压基准管
		Z	整流管
B	P 型锗材料	L	整流堆
		GD	光敏二极管
C	N 型硅材料	S	隧道管
		K	开关管

续表

第二部分　材料与极性		第三部分　类型	
D	P 型硅材料	C	变容管
		GJ	激光二极管
E	化合物材料	GF	发光二极管
		Y	体效应管
		V	混频检波管
		DH	电流管
		GR	红外发射二极管
		SY	瞬态抑制二极管
		J	雪崩管

值得注意的是，新型贴片二极管型号命名规则因厂家不同而不同，并不统一。例如，ST 公司的双向触发贴片二极管型号命名方法如图 4-29 所示，BOURNS 公司的 CDXXXX-B 系列贴片二极管型号命名方法如图 4-30 所示。

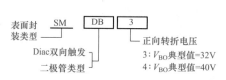

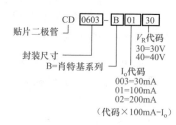

图 4-29　ST 公司的双向触发贴片二极管　　　图 4-30　BOURNS 公司的 CDXXXX-B 系列
型号命名方法　　　　　　　　　　　　贴片二极管型号命名方法

 细节 50：贴片二极管的检测

在工程技术中，贴片二极管与普通二极管的内部结构基本相同，均由一个 PN 结组成。因此，贴片二极管的检测与普通二极管的检测方法基本相同。对贴片二极管的检测通常采用万用表的"$R \times 100$"挡或"$R \times 1k$"挡进行测量。本章分别对普通贴片二极管和特殊贴片二极管检测技巧进行介绍。

1 **普通贴片二极管正、负极判别**

贴片二极管的正、负极的判别，通常观察管子外壳标示即可，当遇到外壳标示磨损严重时，可利用万用表欧姆挡进行判别，检测示意图如图 4-31 所示。

在图 4-31 中，将万用表置于"$R\times 100$"挡或"$R\times 1k$"挡，先用万用表红、黑两表笔任意测量贴片二极管两引脚间的电阻值，然后对调表笔再测一次。在两次测量结果中，选择阻值较小的一次为准，黑表笔所接的一端为贴片二极管的正极，红表笔所接的另一端为贴片二极管的负极，所测阻值为贴片二极管正向电阻（一般为几百欧姆至几千欧姆），另一组阻值为贴片二极管反向电阻（一般为几十千欧姆至几百千欧姆）。

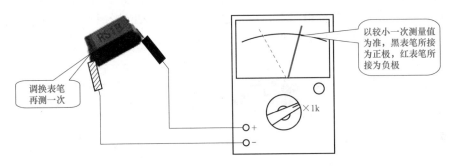

图 4-31　贴片二极管正、负极判别

② 普通贴片二极管性能好坏判别

对普通贴片二极管性能好坏的检测通常在开路状态（脱离电路板）下进行，测量方法如图 4-32 所示：用万用表"$R\times 100$"挡或"$R\times 1k$"挡测量普通贴片二极管的正、反向电阻。

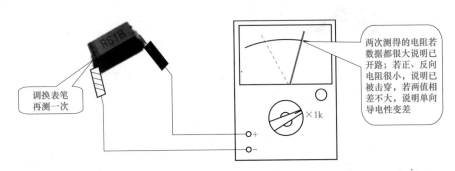

图 4-32　普通贴片二极管性能好坏判别

根据二极管的单向导电性可知，其正、反向电阻相差越大说明其单向导电性越好。若测得正、反向电阻相差不大，说明贴片二极管单向导电性能变差；若正、反向电阻都很大，说明贴片二极管已开路失效；若正、反向电阻都很小，则说明贴片二极管已击穿失效。当贴片二极管出现上述三种情况之一时，须更换二极管。

③ 常用特殊贴片二极管检测技巧

（1）稳压贴片二极管的检测。

稳压贴片二极管的检测主要包括以下三项。

1）稳压贴片二极管正、负极判别。稳压贴片二极管和普通贴片二极管一样，其检测可以参照图 4-33，其引脚也分正、负极，使用时不能接错。其正、负极一般可根据管壳上的标志识别，如根据所标识的二极管符号、引线的长短、色环、色点等。如果管壳上的标识已不存在，也可利用万用表欧姆挡测量，方法与普通贴片二极管正、负极判别方法相同，此处不再赘述。

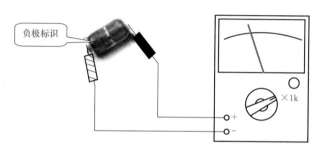

图 4-33　检测稳压贴片二极管

2）稳压贴片二极管性能好坏判别。与普通贴片二极管的判别方法相同，可参照图 4-34 所示，正常时一般正向电阻为 $10k\Omega$ 左右，反向电阻为无穷大。

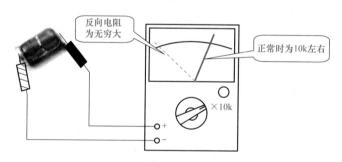

图 4-34　稳压贴片二极管好坏检测

3）稳压贴片二极管稳压值的测量。利用万用表测量稳压贴片二极管稳压值的方法如图 4-35 所示。

在图 4-35 中，将万用表置于 "$R\times10k$" 挡，红表笔接稳压贴片二极管正极，黑表笔接稳压贴片二极管负极，待万用表指针偏转到一稳定值后，读出万用表的直流电压挡 DC10V 刻度线上指针所指示的数值，然后按下列经验公式计算出稳压二极管的稳定值。

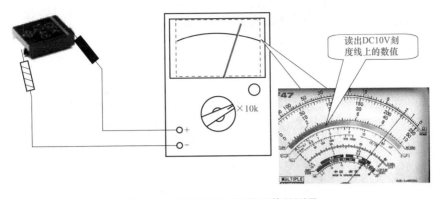

图 4-35 稳压贴片二极稳压值的测量

　　值得注意的是，用此法测量稳压贴片二极管的稳压值要受万用表高阻挡所用电池电压大小的限制。即只能测量高阻挡所用电池电压以下稳压值的稳压贴片二极管。

　　(2) 发光贴片二极管的检测。发光贴片二极管的检测主要包括以下两项。

　　1) 发光贴片二极管正、负极的判别。发光贴片二极管的正、负极一般可通过目测法识别，即将管子拿到光线明亮处，从侧面仔细观察两条引出线在管体内的形状，较小的一端是正极，较大的一端则是负极。当目测法不能识别时，也可用万用表欧姆挡检测识别，如图 4-36 所示。

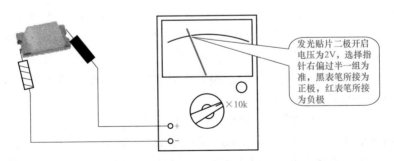

图 4-36 发光贴片二极管正、负极判别

　　在图 4-36 中，将万用表置于 "$R \times 10k$" 挡（发光贴片二极管的开启电压为 2V，只有处于 "$R \times 10k$" 挡时才能使其导通），用万用表的红、黑两表笔分别接发光贴片二极管的两根引出线，选择指针向右偏转过半的，且管子能发出

微弱光点的一组为准，这时黑表笔所接即为发光二极管的正极，红表笔所接为负极。

2）发光贴片二极管性能好坏的判别。与普通贴片二极管的性能好坏判别方法相同。

（3）贴片整流桥堆的检测。贴片整流桥堆的检测主要包括以下几项。

1）贴片整流桥堆极性判别。贴片整流桥堆有 4 个引脚，其中有两个引脚是交流电源的输入端，用"AC"表示，另外两个引脚是直流输出端，用"＋""－"表示。对标有"AC"符号的引脚可互换接入交流电源，而对"＋""－"引脚则不能互换使用。

引出脚的标识一般标识在桥堆的顶端或侧面。但有的贴片整流桥堆只标"＋"极标识，而"－"极则在正极的对角线上。另外，两引脚为交流输入端。若不能直接判别，也可用万用表欧姆挡测量，如图 4-37 所示。

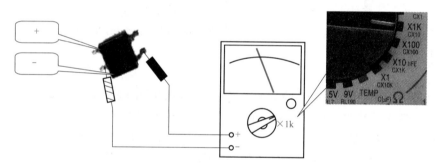

图 4-37　贴片整流桥堆极性判别

在图 4-37 中，将万用表置于"$R\times100$"或"$R\times1k$"挡，黑表笔任意接全桥组件的某个引脚，用红表笔分别测量其余三个引脚，如果测得的阻值都为无穷大，则此时黑表笔所接的引脚为直流输出"＋"极；如果测得的阻值都为 4～10kΩ 左右，则此时黑表笔所接的引脚为直流输出"－"极，剩下的另两个引脚就是全桥组件的交流输入端。

2）贴片整流桥堆性能好坏判别。根据贴片整流桥堆的内部电路，可用万用表方便地进行判别。如图 4-38 所示，首先将万用表置于"$R\times10k$"挡，测量一下贴片整流桥堆的交流电源输入端正、反向电阻，其阻值正常时应都为无穷大。当 4 只整流贴片二极管中有一只击穿或漏电时，都会导致其阻值变小。测完交流电源输入端电阻后，还应测量"＋"与"－"之间的正、反向电阻，正常时其正向电阻一般为 8～10kΩ，反向电阻应为无穷大。

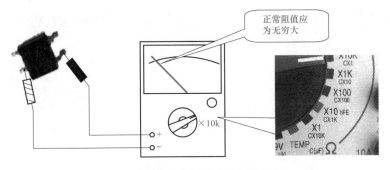

图 4-38　贴片整流桥堆性能好坏的判别

　　值得注意的是，特殊贴片二极管除上述几类外，常用的还有变容贴片二极管、开关贴片二极管、快速恢复贴片二极管、肖特基贴片二极管等。

细节51：贴片二极管的选用、代换

　　贴片二极管在电子产品的应用十分广泛，在不同的应用环境下，对其主要参数的要求也各不相同。选用、代换时应遵循"类型相同""特性相近""外形相似"三项基本原则。当须采用"特性相近的不同型号法"代换贴片二极管时，可直接查阅《晶体管代换手册》得到代换管型号。

第五节　贴片晶体管

细节52：贴片晶体管的主要性能指标

　　贴片晶体管（SMTTransister）又称为片式晶体管或片状晶体管，属于晶体管中的一种结构形式。该类型晶体管在通信系统等领域应用广泛。贴片晶体管在电路中一般用 V 或"VT＋数字"表示，其中 V 或 VT 表示对应的贴片器件为晶体管，数字表示该贴片晶体管在电路中的序号。

　　图 4-39 为贴片晶体管常见外形及封装形式。表 4-29 为贴片晶体管常用英文缩写与中英文名词对照。

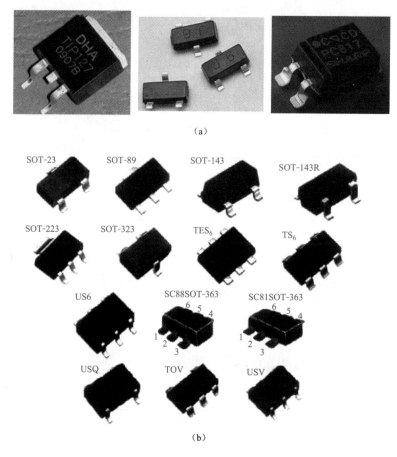

（a）

（b）

图 4-39 贴片晶体管常见外形及封装形式

（a）贴片晶体管常见外形；（b）贴片晶体管常用封装形式

表 4-29 贴片晶体管常用英文缩写与中英文名词对照

英文缩写	英文名词	中文名词
V_{CBO}	Collector-base voltage	集电极与基极间电压
V_{CEO}	Collector-emitter voltage	集电极与发射极间电压
V_{EBO}	Emitter-base voltage	发射极与基极间电压
I_C	Collector current	集电极电流
I_B	Base current	基极电流
P_{CM}	Collector power dissipation	允许功耗
f_T	Transition frequency	特征频率
h_{FE}	DC current gain	直流增益

1 贴片晶体管的分类

贴片晶体管由集电结、发射结两个 PN 结构成，对应电极分别为集电极（c）、发射极（e）、基极（b）。目前，贴片晶体管的分类方法如图 4-40 所示，其详细介绍如下。

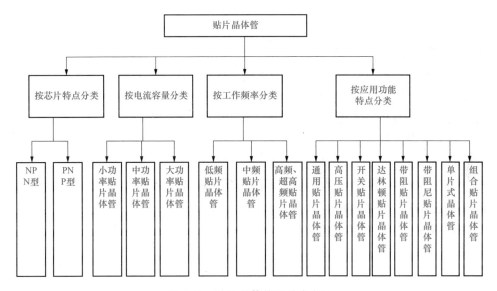

图 4-40　贴片晶体管的分类方法

（1）按芯片特点分类。贴片晶体管可分为 NPN 型与 PNP 型两类，其结构及对应电气图形符号如图 4-41 所示。

（2）按电流容量分类。

贴片晶体管按电流容量可分为小功率贴片晶体管、中功率贴片晶体管和大功率贴片晶体管。其中小功率贴片晶体管 PCM≤0.3W；中功率贴片晶体管：0.3W＜PCM≤1.5W；大功率贴片晶体管 PCM＞1.5W。

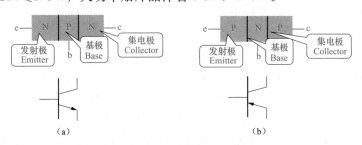

图 4-41　NPN 型与 PNP 型贴片晶体管结构及电路图形符号

（a）NPN；（b）PNP

（3）按工作频率分类。贴片晶体管按工作频率可分为低频贴片晶体管、中频贴片晶体管和高频、超高频贴片晶体管。其中，低频贴片晶体管 $f_T \leqslant 3MHz$；中频贴片晶体管 $3MHz < f_T \leqslant 30MHz$；高频、超高频贴片晶体管 $f_T > 30MHz$。

（4）按应用功能特点分类。贴片晶体管可分为通用贴片晶体管、高压贴片晶体管、开关贴片晶体管、达林顿贴片晶体管、带阻贴片晶体管、带阻尼贴片晶体管、单片式晶体管和组合贴片晶体管等类型。

❷ 贴片晶体管的主要参数

贴片晶体管的主要参数包括直流参数、交流参数和极限参数三类。它是选用与使用该类型晶体管的重要依据。为此，了解贴片晶体管的主要参数可避免选用或使用不当而引起晶体管损坏。

（1）直流参数。

1）共发射极直流放大倍数 $\bar{\beta}$。$\bar{\beta}$ 也可以用 h_{FE} 表示，它是指当贴片晶体管工作于静态共发射极电路时集电极电流 I_C 与基极电流 I_B 之比。它是衡量晶体管电流放大能力的一个重要指标。

2）集电极反向截止电流 I_{CBO}。当贴片晶体管发射极开路时，集电结加反向偏置电压，此时的集电极电流称为集电极反向截止电流 I_{CBO}。I_{CBO} 的大小反映了晶体管集电结质量好坏，是表征晶体管性能的一个重要参数，这一电流值要求越小越好。

3）集电极—发射极反向截止电流 I_{CEO}。I_{CEO} 又称穿透电流，是指晶体管基极开路，给发射极加上正向偏置电压，集电极加上反向偏置电压时的集电极电流。由于 I_{CEO} 不受基极电流控制，是共发射极电路中的无用功耗，所以要求其数值越小越好。

（2）交流参数。

1）共发射极交流电流放大倍数 β。β 也可以用 h_{fe} 表示，是指将贴片晶体管接成共发射极电路时的交流电流放大倍数，β 等于集电极电流量 ΔI_C 与基极电流变化量 ΔI_B 两者之比，即

$$\beta = \Delta I_C / \Delta I_B$$

在工程技术中，β 与 $\bar{\beta}$ 两者关系密切，当电路工作于小信号状态时，两者数值较为接近，因此在实际使用时一般不再区分。β 值通常根据晶体管型号，从晶体管手册上直接查出，不同型号的管子 β 值不同，且由于生产工艺的原因，即使同一批生产的管子 β 值也有一定的偏差，β 值大，电流放大能力强，但工作稳定性差。因此，在选择和使用贴片晶体管时应根据电路要求进行，不能过分追求高 β 值。

2）共基极交流电流放大倍数 α。α 也可以用 h_{fb} 表示，是指将贴片晶体管接成

共基极电路时，输出电流的变化量 ΔI_C 与输入电流的变化量 ΔI_E 之比，即

$$\alpha = \Delta I_C / \Delta I_E$$

表 4-30 给出了电流放大倍数 β 和 α 之间的换算值，供读者选用时参考。

表 4-30 α 和 β 的换算关系

β	5	10	20	25	50	100	200
α	0.8	0.9	0.95	0.96	0.98	0.99	0.995

3) 特征频率 f_T。贴片晶体管在电路中的工作频率超过一定值时，β 值开始下降，当 β 值下降为 1 时对应的频率就叫作特征频率 f_T。f_T 表征了贴片晶体管的高频特性，在高频电路中是一个重要的参数。

（3）极限参数。贴片晶体管的极限参数是指晶体管在工作时不允许超过的极限数值，若超过这个数值，轻则引起晶体管不能正常工作，重则将永久性损坏晶体管。

1) 集电极最大允许电流 I_{CM}。I_{CM} 是指贴片晶体管的参数变化不超过允许值时集电极电流的最大允许值。当贴片晶体管的集电极 I_C 超过 I_{CM} 时，贴片晶体管的性能将明显变坏，甚至被烧毁。

2) 集电极—发射极击穿电压 $V_{(BR)CEO}$。$V_{(BR)CEO}$ 是指贴片晶体管基极开路时，允许加在集电极和发射极之间的最高电压。通常情况下，CE 极间电压不能超过 $V_{(BR)CEO}$，否则会引起贴片晶体管性能变坏，甚至击穿。

3) 集电极最大允许耗散功率 P_{CM}。P_{CM} 是指贴片晶体管参数变化不超过规定允许值时的最大集电极耗散功率。使用贴片晶体管时，实际功耗不允许超过 P_{CM} 值，还应留有较大余量，以免贴片晶体管烧坏。

 细节 53：贴片晶体管的命名规则

目前，贴片晶体管主要由传统引线式晶体管发展过来的，它们的管芯基本相同，仅封装形式不同，并且大部分沿用引线式晶体管的原型号，贴片晶体管型号代码速查表见附录 E，该类型贴片晶体管型号命名方法如图 4-42 所示。

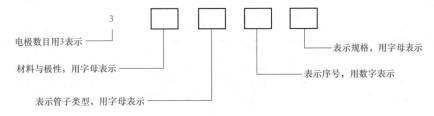

图 4-42   贴片晶体管命名方法

（1）第一部分：表示电极数目，用数字"3"表示。

（2）第二部分：表示材料与极性，用字母表示，参见表4-31。

（3）第三部分：表示管子类型，用字母表示，参见表4-31。

（4）第四部分：表示序号，用数字表示。

（5）第五部分：表示规格，用字母表示。

晶体管型号中第二、三部分字母所表示的含义见表4-31。

表 4-31　　　　　　　　晶体管型号中第二、第三部分字母含义对照

第二部分　材料与极性		第三部分　类别	
字母	含义	字母	含义
A	PNP型、锗材料	X	低频小功率管
		G	高频小功率管
B	NPN型、锗材料	D	低频大功率管
		A	高频大功率管
C	PNP型、硅材料	T	闸流管
D	NPN型、硅材料	B	雪崩管
		J	阶越恢复管
E	化合物材料	K	开关管
		GT	光敏晶体管

上述为国产晶体管的型号命名方法。在实际应用中，往往还用到其他国家产品，主要是日本、韩国、美国及欧洲的产品。它们的型号命名方法与国产电子产品型号命名方法有所不同。

1　日本晶体管型号命名方法

（1）第一部分：表示电极数目，用数字"2"表示。

（2）第二部分：表示JEIA的注册标志，用字母"S"表示。

（3）第三部分：表示管子的类型和材料极性，用相应字母表示。

（4）第四部分：表示JEIA的登记号。

（5）第五部分：表示同一型号改进产品标志。

其中，"JEIA"表示日本电子工业协会。日本晶体管型号命名方法见表4-32。

表 4-32　　　　　　　　晶体管型号命名方法（日本）

第一部分	第二部分	第三部分	第四部分	第五部分
2	S	A—PNP高频管 B—PNP低频管 C—NPN高频管 D—NPN低频管	表示登记序号	用A、B、C表示对原型号的改进

2 晶体管型号识别注意事项

（1）国内的合资企业生产的晶体管通常采用国外同类产品的型号，如 2SC1815、2SA562 等。

（2）部分（日本）晶体管受面积的限制，通常把型号的前面两部分"2S"省掉，如 2SA733 型晶体管可简化为 A733。

（3）美国晶体管型号用"2N"开头，其中"N"表示美国电子工业协会注册标志，其后面的数字表示登记序号，如 2N5551。

（4）韩国三星电子公司的型号命名方法是用四位数字表示，如常用的 9011、9013、9014 等。

（5）欧洲国家生产的晶体管各部分字母和数字所表示的含义见表 4-33。

表 4-33　　　　晶体管型号中字母、数字的含义对照（欧洲各国）

第一部分	第二部分		第三部分	第四部分
A 表示锗材料 B 表示硅材料	C—低频小功率　D—低频大功率 F—高频小功率　L—高频大功率		三位数字表示登记序号	用字母对同一型号器件进行分档，如 A、B、C……

　　值得注意的是，为增加安装密度，进一步减小印刷电路板尺寸，生产厂家开发出了一些新型贴片晶体管。该类型贴片晶体管型号命名方法因厂家不同而不同，并不统一。

此外，贴片晶体管的型号印字也具有"一代多"的现象，即相同的印字可能代表不同的贴片晶体管，而且相同生产厂家的产品，也出现了"一代多"的现象，因此，应积极积累识别经验，及时了解各厂家产品信息，为正确识别贴片晶体管型号做好准备。

细节 54：贴片晶体管的检测

在工程技术中，贴片晶体管与普通晶体管的内部结构基本相同，均由两个 PN 结组成。因此，贴片晶体管的检测方法与普通晶体管基本相同。本节分别对中、小功率贴片晶体管，大功率贴片晶体管，达林顿贴片晶体管和带阻贴片晶体管检测技巧进行介绍。

1 中、小功率贴片晶体管检测技巧

中、小功率贴片晶体管是指集电极耗散功率小于 1.5W 的贴片晶体管。该类

型晶体管种类繁多，外形各异，但体积都不是很大。对其进行的检测主要包括：引脚判别、性能好坏判别等。

（1）引脚判别。当不能直接通过贴片晶体管型号或封装识别引脚时，可用万用表欧姆挡检测其极间电阻阻值进行识别，具体检测技巧如下。

1）基极的判别。利用万用表判别贴片晶体管基极的方法如图4-43所示。

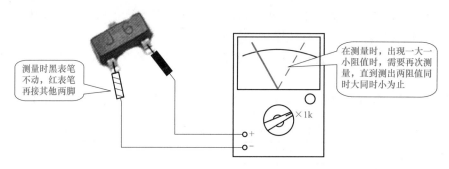

测量时黑表笔不动，红表笔再接其他两脚

在测量时，出现一大一小阻值时，需要再次测量，直到测出两阻值同时大同时小为止

图4-43　贴片晶体管基极的判别

在图4-43中，将万用表置于"$R\times100$"或"$R\times1k$"挡，用黑表笔接贴片晶体管的任意引脚，再用红表笔分别接另两个引脚，测得两个阻值，如两阻值为一大一小，则用黑表笔接其他引脚再测，一直到两阻值同时为大或同时为小为止。当阻值同时为大时，说明黑表笔所接为PNP型贴片晶体管基极；当阻值同时为小时，黑表笔所接为NPN型贴片晶体管基极。

2）集电极、发射极的判别。在正确判别贴片晶体管基极的基础上，利用万用表判别贴片晶体管集电极、发射极的常用方法有下述三种。

① 对于PNP型贴片晶体管，在测定基极的基础上（其测试方法如图4-43所示），红表笔接待测管基极，黑表笔分别接触另两个引脚，如图4-44所示，所测得的阻值为一大一小，在阻值小的一次测量中，黑表笔所接引脚为贴片晶体管集电极，另一电极则为发射极。对于NPN型贴片晶体管，则将黑表笔接待测管基极，而用红表笔去接触另两个引脚，在阻值小的一次测量中，红表笔所接引脚为集电极，另一引脚为发射极。

② 将万用表两表笔分别接除基极以外的两引脚，如图4-45所示，如果是PNP型管，用手指捏住基极与黑表笔所接电极，测得两组阻值，在阻值小的一次测量中，黑表笔所接为集电极，另一电极为发射极。如果是NPN型管，则用手指捏住基极与红表笔所接电极，同样，电阻小的一次测量中红表笔所接为集电极，另一电极则为发射极。

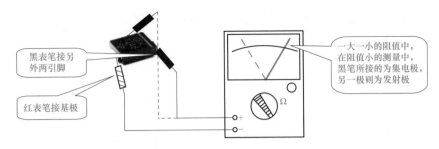

黑表笔接另外两引脚

红表笔接基极

一大一小的阻值中，在阻值小的测量中，黑笔所接的为集电极，另一极则为发射极

图 4-44　PNP 型贴片晶体管集成、发射极的判定（一）

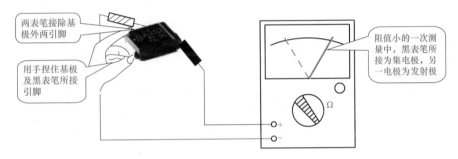

两表笔接除基极外两引脚

用手捏住基极及黑表笔所接引脚

阻值小的一次测量中，黑表笔所接为集电极，另一电极为发射极

图 4-45　PNP 型贴片晶体管集成、发射极的判定（二）

③ 利用万用表的 h_{FE} 挡测量。具体方法是：在测出待测管基极及判别管型（NPN 或 PNP）的基础上，将贴片晶体管基极引出线插入 h_{FE} 基极插孔（见图 4-46），另两电极引出线分别插入另两个插孔，可得两组 h_{FE} 值。其中，数值较大的一次为正确接法，即插入集电极插孔的引脚为待测管的集电极，插入发射极插孔的引脚则为发射极。

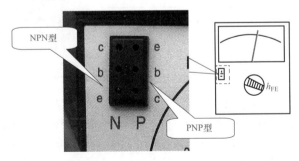

NPN型

PNP型

图 4-46　PNP 型贴片晶体管集成、发射极的判定（三）

（2）贴片晶体管性能好坏判别。贴片晶体管性能好坏判别主要通过测量其主要参数 PN 结正、反向电阻，β 值和穿透电流 I_{CBO} 判别，具体测量方法如下所示。

1) 贴片晶体管极间电阻测量。通过测量集电结和发射结正、反向电阻，可以判别贴片晶体管的内部是否短路、断路。方法是：将万用表置于"$R\times100$"或"$R\times1k$"挡，分别测量两个PN结正、反向电阻。对于中、小功率贴片晶体管，其正向电阻一般为几百欧姆至几千欧姆，反向电阻一般为几百千欧姆以上。如果测得的正向电阻近似于∞，则表明贴片晶体管内部断路；如果测得的反向电阻很小或为零时，则说明贴片晶体管已被击穿或短路。两种情况下，贴片晶体管都不能再使用。

2) 贴片晶体管穿透电流I_{CEO}的测量。通常采用万用表欧姆挡测量贴片晶体管CE极之间电阻值的方法来间接估计I_{CEO}的大小。

具体方法是：将万用表置于"$R\times100$"或"$R\times1k$"挡，对于NPN型贴片晶体管，万用表黑表笔接集电极C，红表笔接发射极E，测得的阻值要求越大越好（通常大于几百千欧姆），CE间电阻值越大，说明管子的I_{CEO}越小，反之，所测阻值越小，说明管子的I_{CEO}越大。

对于PNP型晶体管，测量方法与NPN型管子相同，只要对调万用表两表笔即可。如果测试时万用表指针来回摆动，则表明管子性能不稳定。

利用万用表间接测量NPN型贴片晶体管穿透电流I_{CEO}的方法如图4-47所示。

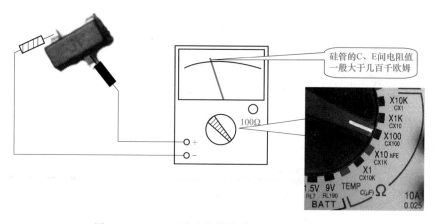

图 4-47　NPN型贴片晶体管穿透电流 I_{CEO} 的测量

3) β值的估测。将万用表置于"$R\times100$"或"$R\times1k$"挡，对于NPN型贴片晶体管，将黑表笔接其集电极C，红表笔接发射极E，测量CE间电阻值，并做记录。然后用手指捏住管子基极和集电极，再测量电阻值，如图4-48所示。

接入人体电阻后的阻值应比不接时小，即万用表指针的右偏转角度大，右偏转角度越大说明晶体管的放大能力越好，如果接入人体电阻后万用表指针依然停留在原位置不动，则表明晶体管的放大能力很差，不能再使用。

对于PNP型贴片晶体管，其测量方法与NPN型贴片晶体管相同，只要把万用表

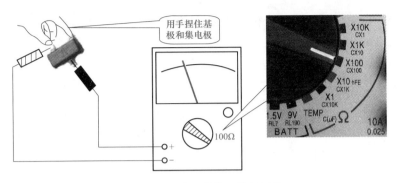

图 4-48　贴片晶体管 β 值的测量

红表笔接晶体管集电极，黑表笔接发射极即可。此外，在有些万用表中，设有专用 β 值测量挡。此时只需将待测晶体管引脚引出线按 β 值测量挡引脚标志插入即可。

> 值得注意的是，NPN 型晶体管和 PNP 型晶体管不能插错。

4）在路电压检测判别法。在工程技术中，中、小功率贴片晶体管多直接焊接在印刷电路板上。由于元器件的安装密度大，拆卸比较麻烦，所以在检测时常通过用万用表直流电压挡去测量被测晶体管各引脚的电压值，其检测方法如图 4-49所示，来推断其工作是否正常，进而判断其好坏。

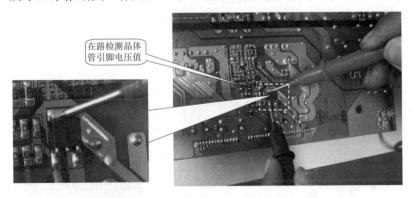

图 4-49　检测中、小功率贴片晶体管

② 大功率贴片晶体管检测技巧

大功率贴片晶体管是指集电极耗散功率大于 1.5W 的晶体管，具有工作电流大、体积大、耐压高、故障率高等特点，是电子产品中的关键部件。实际检测时，利用万用表判别中、小功率贴片晶体管引脚及性能好坏的各种方法，对检测大功率贴片晶体管基本适用。但由于大功率贴片晶体管的工作电流比较大，因而其 PN 结的面积也比较大，故通常使用"$R\times10$"或"$R\times1$"挡检测大功率贴片晶体管，可参照前文图 4-43 所示方法。

③ 达林顿贴片晶体管检测技巧

利用万用表对普通达林顿贴片晶体管的检测包括引脚判别和性能好坏判别等项目。具体检测技巧与中、小功率贴片晶体管检测技巧基本相同，在此不再赘述。但由于达林顿贴片晶体管的 BE 之间包含多个发射结，故应利用万用表"$R\times10k$"挡进行检测，如图 4-50 所示。

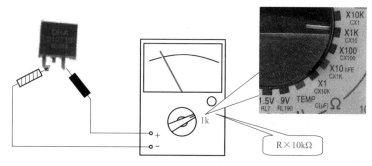

图 4-50　达林顿贴片晶体管检测

④ 带阻贴片晶体管检测

检测带阻贴片晶体管的方法与检测中、小功率贴片晶体管基本相同。但由于带阻贴片晶体管内部设置了偏置电阻器 R_1、R_2，且不同类型带阻贴片晶体管内部偏置电阻器连接方法存在较大差别，故在检测时应将偏置电阻器对测量数据的影响加以区分，以免造成误判。具体可按下述步骤进行。

（1）用万用表"$R\times10k$"挡测量 BC 之间集电结电阻值，应明显测出具有单向导电性能，且正、反向电阻值应有较大差异。利用万用表检测带阻贴片晶体管 BC 间集电结电阻值，如图 4-51 所示。

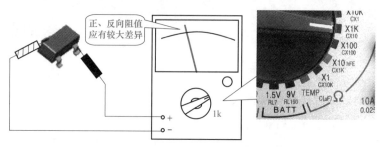

图 4-51　带阻贴片晶体管 BC 间集电结电阻值的测量

集电结正、反向电阻值与内置电阻器阻值无关

（2）由于带阻贴片晶体管有接两只电阻器、发射结并接电阻器和基极串接电阻器三种结构形式，进行检测时应注意区分。利用万用表检测带阻贴片晶体管 BE 间发射结电阻值，如图 4-52 所示。

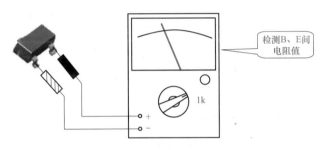

检测B、E间
电阻值

1k

图 4-52　带阻贴片晶体管发射结电阻值的测量

当用万用表欧姆挡检测 BE 间发射结正向电阻时，所测阻值为发射结正向电阻与晶体管内置电阻器串联、并联或串、并联的结果；当检测发射结反向电阻时，发射结截止，所测阻值为内置电阻器（R_1+R_2）电阻之和或内置电阻器 R_1 或 R_2 阻值，且该阻值固定，不随电阻挡位的变换而改变。

值得注意的是，在测量带阻贴片晶体管发射结电阻值时，区分内置电阻器对测量值的影响。

细节 55：贴片晶体管的选用、代换

贴片晶体管性能好坏往往直接影响电路或系统性能稳定性和使用寿命。因此，选用或代换贴片晶体管时应严格遵循选用、代换原则。

❶ 选用原则

在选配贴片晶体管时，应遵循以下原则。

（1）类型相同。在代换贴片晶体管时，其相关类型要求相同。主要体现在种类相同，如 NPN 管代换 NPN 管，PNP 管代换 PNP 管等。

（2）特性相近。特性相近主要指代换管与原晶体管的主要参数相近。当没有

原型号的代换管时，应选用体积、外形基本一致、主要参数与原管参数相近的晶体管进行代换。

（3）外形相似。为了方便装配，要求代换管的主要尺寸与原管的尺寸相似。

2 代换原则

（1）同型号代换法。同型号代换法是指代换管的主要参数与原管的主要参数一致的代换方法。因为代换后对电路中的其他元器件正常工作无影响，在代换时，应优先考虑该法。

（2）特性相近的不同型号法。当找不到同型号代换管时，可考虑该办法，一般步骤如下。

1）查出须代换贴片晶体管的主要特性参数。

2）查找相关专业或厂家资料，找出代换管型号。

3）代换贴片晶体管。

（3）代换互补管时应正确选择互补管型号。

目前，常用贴片晶体管的互补管对应型号见表4-34，供读者选用时参考。

表 4-34　　　　　　　　常用贴片晶体管的互补管对应型号

型号	互补管型号	型号	互补管型号	型号	互补管型号
FHT1815	FHT1015	FHT3875	FHT1504	FHT9015	FHT9014
FHT2412	FHT1037	HFT9013	FHT9012		

（4）利用贴片晶体管代换普通晶体管时通常采用特性相近的不同型号法进行代换。目前，常用贴片晶体管与普通晶体管型号对照见表4-35。

表 4-35　　　　　　　　常用贴片晶体管与普通晶体管型号对照

贴片封装	普通封装	贴片封装	普通封装	贴片封装	普通封装
1T	S9011	CR	2SC945	V4	2N2211
2T	S9012	CS	2SA733	V5	2N2212
J3	S9013	1P	2N2222	V6	2N2213
J6	S9014	1AM	2N3904	R23	2SC3359
M6	S9015	2A	2N3906	AD	2SC3838
Y6	S9016	1D	BTA42	5A	BC807-16
J8	S9018	2D	BTA92	5B	BC807-25
J3Y	S8050	2L	2N5401	5C	BC807-40
2TY	S8550	G1	2N5551	6A	BC817-16
Y1	C8050	702	2N7002	6B	BC817-25
Y2	C8550	V1	2N2111	1A	BC846A
HF	2SC1815	V2	2N2112	1B	BC846B
BA	2SA1015	V3	2N2113	1E	BC847A

续表

贴片封装	普通封装	贴片封装	普通封装	贴片封装	普通封装
1F	BC847B	1L	BC848C	3F	BC857B
1G	BC847C	3A	BC856A	3J	BC858A
1J	BC848A	3B	BC856B	3K	BC858B
1K	BC848B	3E	BC857A	3L	BC858C

第六节　贴片集成电路

 细节 56：贴片集成电路的主要性能指标

　　贴片集成电路（SMT Integrated Circuit）又称为片式集成电路或片状集成电路，是指将具有特定功能的整个电路的元器件及他们之间的连接线通过特定的工艺制作在同一块硅基片上所形成的电子器件，属于集成电路中的一种结构形式，其常见的外形如图 4-53 所示。

　　由于贴片集成电路在体积、质量、耗电、寿命、可靠性及电性能指标等方面，远远优于分立元器件组成的电路及插孔式集成电路，因而是目前集成电路发展的主要趋势。贴片集成电路在电路中一般用"IC＋数字"表示，其中 IC 表示对应的贴片器件为集成电路，数字表示该贴片集成电路在电路中的序号。

图 4-53　贴片集成电路的外形

1 贴片集成电路的分类

　　贴片集成电路的分类方法如图 4-54 所示，详细说明如下所述。

　　（1）按结构工艺分类。根据产品结构工艺不同，贴片集成电路可以分为厚膜贴片集成电路、薄膜贴片集成电路、混合贴片集成电路、半导体贴片集成电路四大类。其中，生产最多、应用最广的为半导体数字贴片集成电路（以下简称为数字贴片集成电路），主要分为 TTL、CMOS、ECL 三大类。

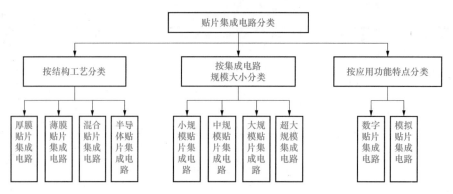

图 4-54　贴片集成电路的分类

（2）按集成电路规模大小分类。根据集成电路规模的大小，贴片集成电路通常可分为小规模贴片集成电路、中规模贴片集成电路、大规模贴片集成电路和超大规模贴片集成电路。

1）小规模贴片集成电路。小规模贴片集成电路通常指含逻辑门数小于 10 门（或含元件数小于 100 个）的贴片集成电路。

2）中规模贴片集成电路。中规模贴片集成电路通常指含逻辑门数为 10～99 门（或含元件数 100～999 个）的贴片集成电路。

3）大规模贴片集成电路。大规模贴片集成电路通常指含逻辑门数为 1000～9999 门（或含元件数 1000 个～99999 个）的贴片集成电路。

4）超大规模贴片集成电路。超大规模集成电路通常指含逻辑门数大于 10000 门（或含元件数大于 100000 个）的贴片集成电路。

（3）按应用功能特点分类。根据应用功能特点，贴片集成电路可分为数字贴片集成电路和模拟贴片集成电路两大类。其中，数字贴片集成电路可分为与门、或门、非门、与非门、或非门、与或非门、异或门等类型。模拟贴片集成电路可分为电压基准贴片集成电路、电压检测贴片集成电路、稳压器贴片集成电路、复位贴片集成电路、通信贴片集成电路、贴片运算放大器、存储器贴片集成电路、非线性贴片集成电路、接口贴片集成电路等。

在工程技术中，贴片集成电路常用封装如图 4-55 所示，主要有下述几种。

1）BGA。BGA 为球形触点阵列，也称为凸点阵列载体（PAC），是表面贴装型封装之一。该封装引脚数目可超过 200，封装本体可比 QFP 小。GBA 的引脚数可达 500 只引脚。其典型图例如图 4-55（a）所示。

2）Cerquad。Cerquad 为表面贴装型封装之一。其中，带有窗口的 Cerquad 一般用于 EPROM 封装。该封装的集成电路引脚中心距有 1.27mm、0.8mm、0.65mm、0.4mm 等，引脚数从 32～368 只不等。其典型图例如图 4-55（b）所示。

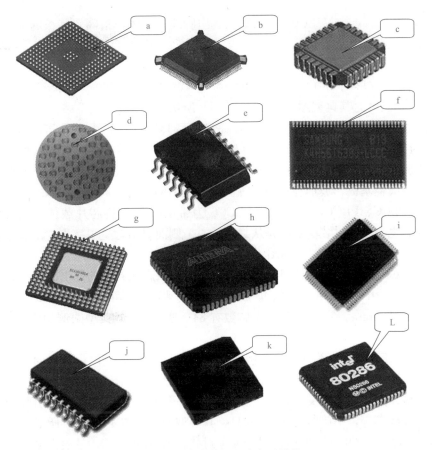

图 4-55 贴片集成电路常用封装

3）CLCC。CLCC 为带引脚的陶瓷芯片载体，也称为 QFJ，是表面贴装型封装之一。该类型集成电路引脚从封装的 4 个侧面引出，呈丁字形。带有窗口的CLCC 一般用于紫外线擦除型 EPROM 以及带有 EPROM 的微机电路的封装等。其典型图例如图 4-55（c）所示。

4）COB。COB 为板上芯片封装，是最简单裸芯片贴装技术之一。该封装半导体芯片交接贴装在印刷电路板上，芯片与基板的电气连接用引线缝合方法实现，并用树脂覆盖以确保可靠性。其典型图例如图 4-55（d）所示。

5）SOP。SOP 为小外形封装，是普及最广的表面贴装型封装之一。该类型集成电路引脚从封装两侧引出呈鸥翼（L）形。材料有塑料、陶瓷两种。SOP 主要用于存储器 LSI、规模不太大的 AS—SP 等电路。该封装引脚中心距 1.27mm，引脚数从 8~44 不等。此外，引脚中心距小于 1.27mm 的 SOP 称为 SSOP；装配高度不超过 1.27mm 的 SOP 称为 TSOP。其典型图例如图 4-55（e）所示。

6）LCC、LCCC。LCC、LCCC 为无引脚芯片载体，指陶瓷基板的 4 个侧面只有电极接触而无引脚的表面贴装型封装，也称为陶瓷 QFN 或 QFN-C。该封装引脚中心距有 1.0mm 和 1.27mm 两种。矩形的 LCC、LCCC 电极数有 18、22、28、32 等；方形的 LCC、LCCC 电极数有 16、20、24、28、44、56、68、84、100、124、156。其典型图例如图 4-55（f）所示。

7）PinGridArray。PinGridArray 是贴装型 PGA，又称为碰焊 PGA。一般的 PGA 为插孔型封装，引脚长度约为 3.4mm。贴装型 PGA 在封装的底面有阵列状的引脚，其长度为 1.5～2.0mm。贴装采用与印制基板碰焊的方法。封装的基材有多层陶瓷基板、玻璃环氧树脂等。其典型图例如图 4-55（g）所示。

8）PLCC、PLCCC。PLCC、PLCCC 为带引线的塑料芯片载体，是表面贴装型封装之一。该封装的引脚是从封装的 4 个侧面引出，呈丁字形。引脚中心距 1.27mm 不等。其典型图例如图 4-55（h）所示。

9）PQFP。PQFP 为塑料扁平封装。该封装引脚从封装两侧引出呈鸥翼（L）形。主要应用于 ASIC 专用集成电路。引脚中心距有 1.0mm、0.8mm、0.65mm、0.5mm、0.3mm 等，引脚数有 84～304 只。其典型图例如图 4-55（i）所示。

10）MFP。MFP 为四侧 I 形引脚扁平封装，也称为 QFI，是表面贴装型封装之一。该封装引脚从封装 4 个侧面引出，向下呈 I 字形。贴装与印制基板进行碰焊连接。由于引脚无突出部分，贴装占有面积小于 QFP。该封装引脚中心距为 1.27mm 不等，引脚数为 18～68 只。其典型图例如图 4-55（j）所示。

11）QFN。QFN 为四侧无引脚扁平封装，又称为 LCC，是表面贴装型封装之一。该封装四侧配置有电极触点，由于无引脚，贴装占有面积比 QFP 小，高度比 QFP 低。当有 LCC 标记时基本上都是陶瓷 QFN。塑料 QFN 是以玻璃环氧树脂印制基板基材的一种低成本封装。电极触点中心距有 1.27mm、0.65mm、0.5mm。其典型图例如图 4-55（k）所示。

12）QFP。QFP 为四侧引脚扁平封装，是表面贴装型封装之一。该封装引脚是从 4 个侧面引出呈鸥翼（L）形。基材有陶瓷、金属、塑料三种。其中，塑料封装占绝大部分。塑料 QFP 是最普及的多引脚 LSI 封装。引脚中心距有 1.0mm、0.8mm、0.65mm、0.5mm、0.4mm、0.3mm 等。目前，该封装根据封装本体厚度分为 QFP（2.0～3.6mm）、LQFP（1.4mm）、TQFP（1.0mm）三种。

有的 LSI 厂家把引脚中心距为 0.5mm 的 QFP 专门称为收缩型 QFP、SQFP、VQFP。有的厂家把引脚中心距为 0.65mm 及 0.4mm 的 QFP 也称为 SQFP。改进的 QFP 品种有：封装的 4 个角带有树脂缓冲垫的 BQFP、带树脂保护环覆盖引脚前端的 GQFP、在封装本体里设置测试凸点放在防止引脚变形的专用夹具里就可进行测试的 TPQFP。其典型图例如图 4-55（L）所示。

2 贴片集成电路主要性能指标

贴片集成电路主要性能指标包括电参数和极限参数两大类。

（1）电参数。

1）静态工作电流。它是指贴片集成电路没加输入信号的情况下，电源引脚回路中的电流大小，通常给出典型值、最小值和最大值三个指标。通过测量该参数，可初步判断 IC 是否正常。

2）增益。它是指贴片集成电路放大时的放大能力大小（通常为闭环增益）。

3）最大输出功率。它是指在信号失真度为一定值时（10%），贴片集成电路输出引脚所输出的电信号功率，这一参数主要针对功率贴片集成电路。

（2）极限参数。

1）电源电压。它是指可以加在贴片集成电路电源引脚与接地端引脚之间的电压极值，使用中不能超过此值。

2）功耗。它是指贴片集成电路所能承受的最大耗散功率。

3）工作环境温度。它是指贴片集成电路在工作时，不能超过的最高温度和所需的最低温度。

细节 57：贴片集成电路的命名规则

1 型号命名方法

我国集成电路的型号命名方法先后有部颁标准（SJ 611—1997）和国标一（GB 3431—1982）、国标二（GB 3430—1989）发布。国产集成电路型号由 5 部分组成，如图 4-56 所示。

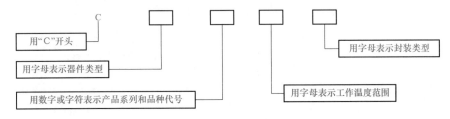

图 4-56　国产贴片集成电路命名方法

（1）第一部分：用 "C" 表示符合国家标准。

（2）第二部分：用字母表示器件类型。

（3）第三部分：用数字或字符表示产品系列和品种代号。

（4）第四部分：用字母表示工作温度范围。

（5）第五部分：用字母表示封装类型。

表 4-36 为 GB 3430—1989 标准规定的集成电路型号命名方法的各部分含义。

表 4-36　　　　　　　　　　　　国产集成电路各部分含义对照

第一部分		第二部分		第三部分	第四部分		第五部分	
符号	含义	符号	含义		符号	含义	符号	含义
C	符合国家标准（规定家用电器专用 IC 不标）	T C W D J M AD DA SC SS	TTL 电路 CMOS 电路 稳压电路 音响、电视电路 接口电路 存储器 A/D 转换器 D/A 转换器 通信专用电路 敏感电路	用阿拉伯数字和字符表示 IC 系列和品种代号	C G L E R M	0～70℃ −25～70℃ −25～85℃ −40～85℃ −55～85℃ −55～125℃	T P S K B H G F J	金属圆形 双列直插 单列直插 金属菱形 塑料扁平 黑瓷扁平 网络陈列 陶瓷扁平 玻璃扁平

随着电子产业的飞速发展，集成电路的发展速度也很快，其型号也不断翻新，至今国际上对其命名方法还没有一个统一标准，而是按各公司和生产商自己的标准来命名。一般情况下，生产商和公司都是用自己公司名称的缩写字母或公司的产品代号放在集成电路型号的开头。例如，日本东芝公司用"TA"表示，日本三菱公司用"M"表示，日本松下公司用"AN"表示，飞利浦公司用"TDA"表示。应用较普遍的型号命名规则见表 4-37。

表 4-37　　　　　　　　　　　　贴片集成电路型号命名方法对照

厂家或国别	图例	解说
飞利浦公司	N　×××× 　Q ↑　　↑　　↑ 温度范围　产品编号　封装形式	封装形式： N—表面塑料贴装封装 Q—扁平陶瓷封装
美国史普耐格公司	UL　N　3705　C ↑　↑　↑　↑ 种类　温度范围　序号　封装形式	封装形式： C—表面贴装封装

续表

厂家或国别	图例	解说
MAXIM 公司	MAX ×××(前缀 系列编号) (X)(产品等级) X(温度范围) X(封装) X(引脚数量)	封装形式： A—SSOP　C—TQFP　L—LCC M—MQFP　Q—PLCC　U—TSSOP
AD 公司	××(前缀) ××××(器件型号) ×(一般说明) ×(温度范围) ×(封装形式)	封装形式： B—BGA　C—晶片/DIE　E—LLCC G—PGA　RB—SOIC　RP—PSOP RU—TSSOP　SP—MPQFP
ALTERA 公司	×××(前缀) ×××(器件型号) ×(封装形式) ×(温度范围) ××(引脚) ×(速度)	封装形式： B—球阵列 J—陶瓷 J 形引线芯片载体 L—塑料 J 形引线芯片载体 Q—塑料四面引线扁平封装 R—塑料微型封装 T—薄型 J 形引线芯片载体 W—陶瓷四面引线扁平封装
ATMEL 公司	AT ×××××(器件型号) ××(速度) ×(封装形式) ×(温度范围) ×(工艺)	封装形式： A—TQFP　C—陶瓷熔封 F—扁平封装 J—塑料 J 形引线芯片载体 L—无引线芯片载体 N—无引线芯片载体，一次可编程 Q—塑料四面引线扁平封装 R—微型封装集成电路 S—薄型封装集成电路 T—薄型微型封装集成电路 U—针阵列　V—自动焊接封装 W—芯片　Y—陶瓷熔封
CYPRESS 公司	×××(前缀) 7C×××(器件型号) ××(速度) ×(封装形式) ×(温度范围) ×(工艺)	封装形式： A—塑料薄型四面引线扁平封装 B—塑料针阵列　F—扁平封装 G—针阵列 H—带窗口的密封无引线芯片载体 L—无引线芯片载体 N—塑料四面引线扁平封装 Q—带窗口的无引线芯片载体 R—带窗口的针阵列 S—微型封装集成电路 T—带窗口的陶瓷熔封

厂家或国别	图例	解说
HITACHI 公司	×× ××××× × ×× 前缀　器件型号　改进类型　封装形式	封装形式： CG—陶瓷无引线芯片载体 FP—塑料扁平封装 PG—针阵列 SO—微型封装
INTERSIL 公司	××× ×××× × × × × 前缀　器件型号　电性能选择　温度范围　封装形式　引脚数目	封装形式： D—芯片 B—微型塑料扁平封装 F—陶瓷扁平封装 L—无引线陶瓷芯片载体
XICOR 公司	× ××××× × × －× 前缀　器件型号　封装形式　温度范围　V_{CC}限制	封装形式： E—无引线芯片载体 R—陶瓷微型封装 F—扁平封装　S—微型封装 T—薄型微型封装　K—针阵列 V—薄型缩小型微型封装 L—薄型四面引线扁平封装 M—公制微型封装　Y—新型卡式
ST 公司	ST ×× × ×× × × 前缀　产品系列　版本　系列号　封装形式　温度	封装形式： G—陶瓷四面扁平封装成针阵列 K—无引线芯片载体 M—塑料微型封装 QX—塑料四面引线扁平封装 S—陶瓷微型封装 T—薄型四面引线扁平封装

　　除上述内容之外，还有 LINEAR 公司产品后缀为 CS 的，表示为贴片集成电路，如 LTC1051CS。

② 贴片集成电路引脚分布规律与识别方法

　　在工程技术中，贴片集成电路封装种类繁多，且集成电路引脚较多，但其引脚分布是有一定规律的，根据这一规律可以方便地对贴片集成电路引脚进行识别。常见贴片集成电路引脚分布规律如图 4-57 所示。

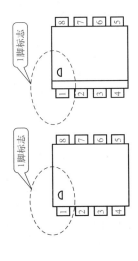

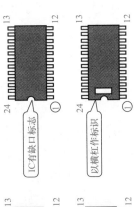

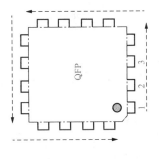

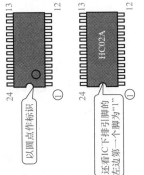

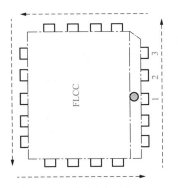

图4-57 常见贴片集成电路引脚分布规则

191

值得注意的是，不同封装的贴片集成电路其引脚分布规律也不同，且不同厂家贴片集成电路引脚分布规律也不同，进行识别时应注意区别。

细节 58：贴片集成电路的检测

贴片集成电路在电子设备中通常为核心部件，故障率较高。对其进行的检测方法有多种，这里只介绍两种最基本的检测方法，其他检测方法请读者参阅厂家提供的相关文献资料。

（1）电压检测法。该法是检查贴片集成电路最为有效和常用的检测手段，且由于测量时万用表并联在电路中，无须改动电路，所以操作相当方便。具体操作方法如下。

1）找出贴片集成电路的标准工作电压数据。通常查找有关 IC 资料手册即可得到相关数据。

2）测量贴片集成电路各引脚工作电压。将万用表置于直流电压挡，测量贴片集成电路各引脚工作电压值，并与标准数据相比较，看是否正常。如有不符合标准值的引脚，先查看其外围元器件，若无损坏和失效就证明是贴片集成电路的问题，不能再使用。

在用电压检测法还不能确定故障时，可用后面介绍的电阻检测法进一步检查。

（2）电阻检测法。当贴片集成电路工作失效后各引脚阻值状态会发生变化，如阻值变大或变小等。电阻检测法要查出这些变化，根据这些变化判断故障部位，具体方法如下。

1）通过查找相关资料找出贴片集成电路各引脚对地电阻值。

2）将万用表置于相应欧姆挡，测量待查贴片集成电路每个引脚与接地引脚之间的阻值，并与标准阻值进行比较。当所测对地电阻值与标准阻值基本相符时表示被测贴片集成电路正常；如果出现某引脚或全部引脚对地电阻值与标准阻值相差太大时，即可认为被测贴片集成电路已经损坏。

贴片集成电路常见检测方法还有电流检测法、信号注入法、代换法、参照检测法等。

（3）多引脚贴片集成电路检测注意事项。

1）根据不同功能模块，可以把引脚分为不同的类型，多引脚贴片集成电路的引脚功能分布具有一定的规律，如相同处理功能的引脚在一起。

2）检测多引脚贴片集成电路时，应抓住时钟端、电源端、信号端、控制信号端、保护端、复位端等关键引脚的检测。

3）分析、检测多引脚贴片集成电路时，应抓住关键的信号流。信号流主要是指信号从集成电路相应引脚输入，从对应引脚输出，内部怎样处理可以不予考虑，只要检测信号流流入、流出是否正确，信号大小、有无等。

4）分析、检测多引脚贴片集成电路时，抓住关键的时序。对于许多数码、智能化产品的超大规模集成电路来讲，时序不能紊乱。因此，其有关时钟信号的产生、分频等外围元件均要进行检测。

5）分析、检测多引脚贴片集成电路时，首先应排除非集成电路因素，如虚焊、过热等。只有在排除非集成电路因素后，才考虑多引脚贴片集成电路本身因素。

6）多引脚贴片集成电路引脚加电时要同步。

7）引脚贴片集成电路在组装时必须核实引脚排列顺序，否则可能造成集成电路损坏。

8）多引脚贴片集成电路实际工作电流、电压不能超过其极限参数。

 细节 59：贴片集成电路的选用、代换

由前面的介绍可知，贴片集成电路的功能在不同应用领域各不相同，在工程技术中，贴片集成电路封装可按如下规律进行选择。

（1）引脚数 20 以下首选 SOP 封装。

（2）引脚数 20～84 之间首选 PLCC 封装。

（3）引脚数大于 84 的首选 PQFP 封装。

（4）穿孔安装首选 DIP 封装。

表 4-38 为 SMTU 产品的潮湿敏感性分级，表 4-39 为常见贴片集成电路的额定功率与热阻，供读者选用时参考。

表 4-38   **SMTU 产品的潮湿敏感性分级**

类型	一级	二级	三级
PLCC	FN（20/28）		
SOIC	D（9/14/16）；DW（19/20/24/28）		
SSOP	DBQ（16/20/24）；DB（14/16/20/24）；DB（28/30/38）		
TSSOP	DL（28/48/56）；DCT（8） PW（8/14/16）；DGG（64）	PW（20/24）	DGG（48/56）

注　到目前为止，尚没有元器件封装使用五、六级。括号中的内容为引脚数。

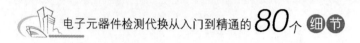

表 4-39　　　　　　　　常见贴片集成电路的额定功率与热阻

类型	结点≤150℃下温度	结点≤135℃下温度	热阻（℃/W）
SOP14	—	—	110～130
SOP16	0.375	—	110～120
SOP16L	0.45	—	90～110
SOP20	0.5	0.72	80～90
SOP24	0.56	0.81	70～80
SOP28	0.64	0.93	70
PLCC20	0.56	0.81	70～80
PLCC28	0.62	0.89	59～73
PLCC44	0.85	—	44～53
PLCC52	1.07	—	38～42
PLCC68	0.96	—	41～47
PLCC84	1.18	—	32～38

第五章

光电元件与显示器件的检测代换技能

光电元件与显示器件是近年来的新产品，其光、电的控制、接收性能让其在家用电器的人性智能等方式显著提升，本章将以它们为例对其性能进行讲解，同时介绍了光电元件与显示器件的检测方法。

第一节 光 电 元 件

细节60：发光二极管

发光二极管英文缩写为 LED，是一种具有一个 PN 结的半导体电子发光器件。发光二极管的文字符号与普通二极管的文字符号相同，其图形符号如图 5-1 所示。发光二极管种类很多，其外形如图 5-2 所示。

图 5-1　发光二极管

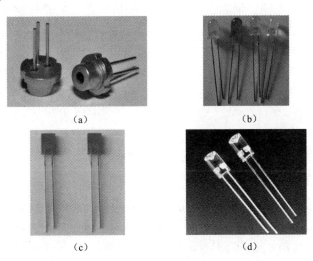

（a）

（b）

（c）

（d）

图 5-2　发光二极管的外形

（a）金属壳发光二极管；（b）塑封发光二极管；（c）异形发光二极管；（d）变色发光二极管

发光二极管两引脚中，较长的是正极，较短的是负极。对于透明或半透明塑料封装的发光二极管，可以用肉眼观察到它的内部电极的形状，正极的内电极较小，负极的内电极较大，如图5-3所示。

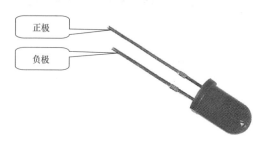

正极

负极

图5-3 发光二极管正负极引脚

1 发光二极管的分类

（1）按发光光谱可分为可见光发光二极管和红外光发光二极管两类，其中可见光发光二极管包括红、绿、黄、橙、蓝等颜色。按发光效果可分为固定颜色发光二极管和变色发光二极管两类，其中变色发光二极管包括双色和三色等。

（2）发光二极管的体积有大、中、小等多种规格。

（3）发光二极管还可分为普通型和特殊型两类。特殊型包括组合发光二极管、带阻发光二极管（电压型发光二极管）、闪烁发光二极管等。

2 发光二极管的参数

发光二极管的主要参数有最大工作电流 I_{FM} 和最大反向电压 U_{RM}。

（1）最大工作电流。最大工作电流 I_{FM} 是指发光二极管长期正常工作所允许通过的最大正向电流。使用中电流不能超过此值，否则将会烧毁发光二极管。

（2）最大反向电压。最大反向电压 U_{RM} 是指发光二极管在不被击穿的前提下所能承受的最大反向电压。发光二极管的最大反向电压 U_{RM} 一般在 5V 左右，使用中不应使发光二极管承受超过 5V 的反向电压，否则发光二极管将可能被击穿。

（3）其他参数。发光二极管还有发光波长、发光强度等参数，业余使用时可不必考虑，只要选择自己喜欢的颜色和形状即可。

3 特殊的发光二极管

（1）双色发光二极管。双色发光二极管是可以发出两种颜色光的二极管。双色发光二极管是将两种发光颜色（常见的为红色和绿色）的管芯反向并联后封装在一起，如图5-4所示。当工作电压为左正右负时，电流 I_1 通过管芯 VD1 使其发红光；当工作电压为左负右正时，电流 I_2 通过管芯 VD2 使其发绿光。

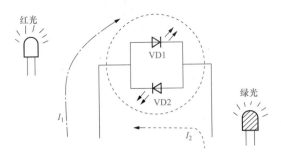

图 5-4 双色发光二极管的内部电路

（2）变色发光二极管。变色发光二极管的特点是发光颜色可以变化。变色发光二极管分为共阴极和共阳极两种。

1）共阴极。共阴极 3 引脚变色发光二极管内部结构如图 5-5 所示，两种发光颜色（通常为红、绿色）的管芯负极连接在一起。3 引脚中，左右两边的引脚分别为红、绿色发光二极管的正极，中间的引脚为公共负极。

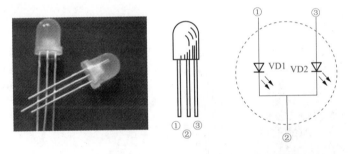

图 5-5 共阴极 3 引脚变色发光二极管内部结构

使用时，公共负极②脚接地。当①脚接入工作电压时，电流 I_1 通过管芯 VD1 使其发红光；当③脚接入工作电压时，电流 I_2 通过管芯 VD2 使其发绿光；当①脚和③脚同时接入工作电压时，发光二极管发橙色光；当 I_1 与 I_2 的大小不同时，发光二极管发光颜色按比例在红→橙→绿之间变化，如图 5-6 所示。

2）共阳极。共阳极 3 引脚变色发光二极管内部结构如图 5-7 所示，与共阴极管不同的是，两种发光颜色的管芯正极连接在一起。3 引脚中，左右两边的引脚分别为两种颜色发光二极管的负极，中间的引脚为公共正极。使用时，公共正极②脚接工作电压，其余两引脚按需要接地即可。

（3）三色发光二极管。三色发光二极管是将 3 种不同颜色的管芯封装在一起，也分为共阴极和共阳极两种。

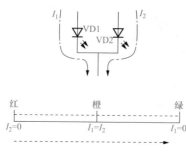

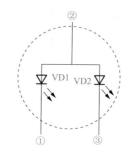

图 5-6　共阴极 3 引脚变色发光
二极管颜色变化

图 5-7　共阳极 3 引脚变色发光
二极管内部结构

1）共阴极。4 引脚三色发光二极管内部结构如图 5-8 所示，3 种发光颜色（如红、蓝、绿三色）的管芯负极连接在一起。4 引脚中，①脚为绿色发光二极管的正极，②脚为蓝色发光二极管的正极，③脚为公共负极，④脚为红色发光二极管的正极。使用时，公共负极③脚接地，其余引脚按需要接入工作电压即可。

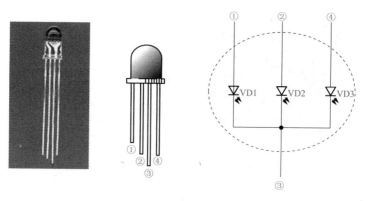

图 5-8　共阴极三色发光二极管内部结构

2）共阳极。4 引脚三色发光二极管内部结构如图 5-9 所示，3 种发光颜色的管芯正极连接在一起。使用时，公共正极③脚接工作电压，其余引脚按需要接地即可。

（4）带阻发光二极管。带阻发光二极管又称电压型发光二极管，其电路结构如图 5-10 所示。带阻发光二极管已将限流电阻装入发光二极管内，只要接入规定的直流电压即可发光。

（5）闪烁发光二极管。闪烁发光二极管是一种特殊的发光二极管，它将控制电路集成到了发光二极管内，如图 5-11 所示，接入规定的直流电压即可发出一定频率的脉冲光。

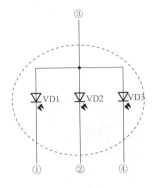

图 5-9 共阳极三色发光
二极管内部结构

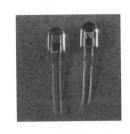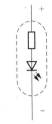

图 5-10 带阻发光二极管

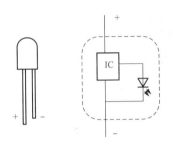

图 5-11 闪烁发光二极管

④ 发光二极管的检测

用万用表检测发光二极管时，必须使用"$R×10k$"挡。因为发光二极管的管压降为 2V 左右，而万用表"$R×1k$"及其以下各电阻挡表内电池仅为 1.5V，低于管压降，无论正、反向接入，发光二极管都不可能导通，也就无法检测。"$R×10k$"挡时表内接有 15V（有些万用表为 9V）高压电池，高于管压降，所以，可以用来检测发光二极管。

（1）检测一般发光二极管。万用表黑表笔（表内电池正极）接发光二极管正极，红表笔（表内电池负极）接发光二极管负极，这时发光二极管为正向接入，表针应偏转过半，同时发光二极管中有一发光亮点，如图 5-12 所示。

再将两表笔对调后与发光二极管相接，这时为反向接入，表针应不动，发光二极管无发光亮点，如图 5-13 所示。如果正向接入或反向接入，表针都偏转到头或都不动，则说明该发光二极管已损坏。

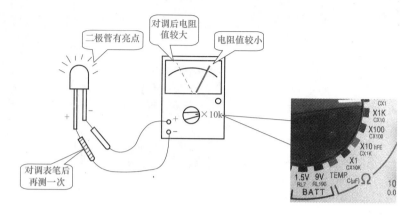

图 5-12　检测一般发光二极管

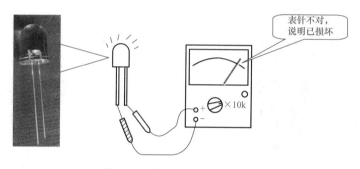

图 5-13　发光二极管损坏检测

（2）检测双色发光二极管。检测双色发光二极管时，表笔对调前后测量的都是发光二极管的正向电阻，表针指示的阻值都较小。但两次测量的不是同一个管芯，发光二极管中的发光亮点应分别为两种颜色。

（3）检测变色发光二极管。

1）检测共阴极 3 引脚变色发光二极管的方法如图 5-14 所示，红表笔接变色发光二极管的中间引脚（公共负极），黑表笔分别接左右两引脚，发光二极管应分别有不同颜色的发光亮点，同时表针指示发光二极管的正向电阻。

2）检测共阳极 4 引脚三色发光二极管时，将红、黑表笔对调即可。

（4）检测三色发光二极管。

1）如图 5-15 所示，为检测共阴极 4 引脚三色发光二极管的方法。用红表笔接公共负极③脚，黑表笔分别接其余 3 只引脚，4 引脚三色发光二极管应分别有不同颜色的发光亮点，同时表针指示发光二极管的正向电阻。

2）检测共阳极 4 引脚三色发光二极管时，只需将红、黑表笔对调即可。

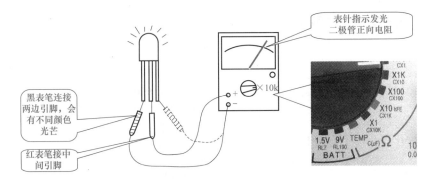

图 5-14　检测共阴极变色发光二极管

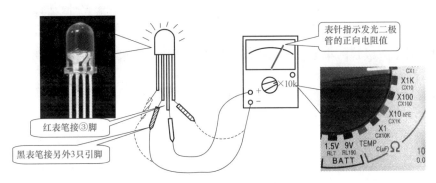

图 5-15　检测共阴极 4 引脚三色发光二极管

细节 61：光电三极管

　　光电三极管（又称光敏三极管、光敏晶体管）是在光电二极管的基础上发展起来的光电器件。和晶体三极管相似，光电三极管也是具有两个 PN 结的半导体器件，所不同的是其基极受光信号的控制。光电三极管的文字符号为"VT"，图 5-16 为常见光电三极管外形，其电路图形符号如图 5-17 所示。

图 5-16　光电三极管外形

1 光电三极管的种类

光电三极管有许多种类，按导电极性不同，可分为 NPN 型和 PNP 型；按结构类型不同，可分为普通光电三极管和复合型（达林顿型）光电三极管；按外引脚数不同，可分为二引脚式和三引脚式，如图 5-18 所示。

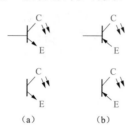

图 5-17 光电三极管
电路图形符号
（a）NPN；（b）PNP

2 光电三极管的主要参数

（1）暗电流 I_D。是指无光照射时，光电三极管发射极 E 与集电极 C 之间的漏电流（集电极的反向电流），此值越小越好。

（2）光电流 I_L。是指当管子受到光照射时，光电三极管的集电极电流，此值越大说明光电三极管的灵敏度越高。

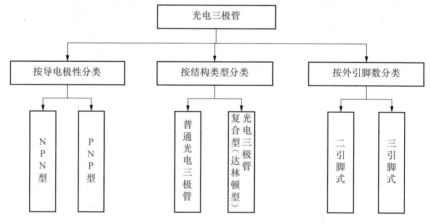

图 5-18 光电三极管的种类

（3）响应时间。是指光电三极管对入射光信号的反应速度，一般为 $10^{-3} \sim 10^{-7}$ s。

（4）最高工作电压 U_{CEM}。是指无光照射时，集电极电流为规定值时，集电极与发射极间允许加的最高电压值。

（5）最大功耗 P_{CM}。是指在规定条件下光电三极管能承受的最大功率。

表 5-1 是部分光电三极管的主要性能指标。表 5-2 是部分达林顿型光电三极管的主要参数。

表 5-1　　　　　　　　　部分光电三极管的主要性能指标

型号	允许功耗（mW）	最高工作电压 U_{CEM}（$I_{CE}=I_D$）（V）	暗电流 I_D（$U_{CE}=U_{CEM}$）（μA）	光电流 I_L（1000lx，$U_{CE}=10V$）（μA）	峰值响应波长（μm）
3DU11	70	$\geqslant 10$	$\leqslant 0.3$	$0.5 \sim 1$	
3DU12	50	$\geqslant 30$	$\leqslant 0.3$	$0.5 \sim 1$	
3DU13	100	$\geqslant 50$	$\leqslant 0.3$	$0.5 \sim 1$	
3DU14	100	$\geqslant 100$	$\leqslant 0.2$	$0.5 \sim 1$	0.88
3DU21	30	$\geqslant 10$	$\leqslant 0.3$	$1 \sim 2$	
3DU23	100	$\geqslant 50$	$\leqslant 0.3$	$1 \sim 2$	
3DU33	100	$\geqslant 50$	$\leqslant 0.3$	$\geqslant 2$	

表 5-2　　　　　　　　　部分达林顿型光电三极管的主要参数

型号	最高工作电压 U_{CEM}（V）	暗电流 I_D（μA）	光电流 I_L（μA）	峰值响应波长（μm）
3DU511D	$\geqslant 20$	$\geqslant 0.5$	$\geqslant 10$	$0.4 \sim 1.1$
3DU512D	$\geqslant 20$	$\geqslant 0.5$	$\geqslant 15$	$0.4 \sim 1.1$
3DU513D	$\geqslant 20$	$\geqslant 0.5$	20	$0.4 \sim 1.1$

3　光电三极管命名规则

光电三极管的型号命名方法与晶体三极管相同。目前普遍使用的是 3DU 系列 NPN 型硅光电三极管，其型号意义如图 5-19 所示。

由于光电三极管的基极即为光窗口，因此大多数光电三极管只有发射极 e 和集电极 c 两只引脚，基极无引出线，光电三极管的外形与光电二极管几乎一样。也有部分光电三极管基极 b 有引脚，常作温度补偿用。

常见光电三极管引脚示意图如图 5-20 所示，靠近管键或色点的是发射极 e，离管键或色点较远的是集电极 c；较长的引脚是发射极 e，较短的引脚是集电极 c。

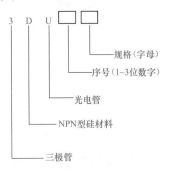

图 5-19　光电三极管的命名方法

4　光电三极管的选用

光电三极管和光电二极管外观相似，况且都能够发光，其实它们各有长处，见表 5-3。

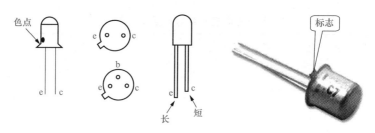

图 5-20   常见光电三极管引脚

表 5-3   光电二极管和光电三极管的性能比较

参数	光电二极管	光电三极管
光电流	小	大
灵敏度	较低	高
输出特性线性度	好	差
响应时间	快	慢

通过上面的比较得知，光电二极管温度特性和输出线性度好、响应时间快；而光电三极管灵敏度高、输出光电流大。因此，在对输出线性要求较高或工作频率较高的场合应选用光电二极管；对于一般的光电控制电路要求灵敏度高，应选用光电三极管。

⑤ 光电三极管的检测

检测光电三极管时（以 NPN 型为例），万用表置于 R×1k 挡，具体步骤如下。

（1）黑表笔（表内电池正极）接发射极 e，红表笔接集电极 c，此时光电三极管所加电压为反向电压，万用表指示的阻值应为无穷大，如图 5-21 所示。

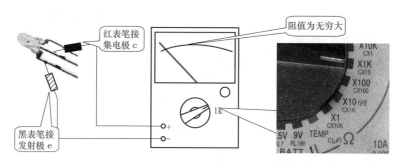

图 5-21   检测光电三极管（NPN）

（2）用黑纸片等遮光物将光电三极管窗口遮住，对调两表笔再测，如图 5-22 所示，此时虽然所加为正向电压，但因其基极无光照，光电三极管仍无电流，其阻值接近为无穷大。

（3）保持红表笔接发射极 e、黑表笔接集电极 c，然后移去遮光物，使光电三极管窗口朝向光源，如图 5-23 所示，这时表针应向右偏转到 1kΩ 左右。表针偏转越大，说明光电三极管灵敏度越高。

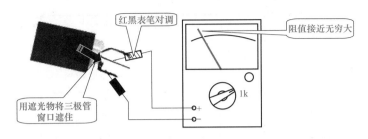

图 5-22　用遮光物将窗口遮住后再次检测（NPN）

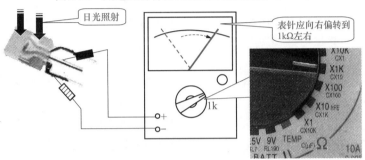

图 5-23　检测光电三极管灵敏度（NPN）

为了能够较为准确地辨别是光电三极管还是光电二极管，可把万用表挡位拨到 $R \times 100$ 挡，这时在光线较强处，电阻值约为 600Ω。若测得的结果接近上述数据，则为光电三极管；若不符，则把表笔对调一下再测，据此，不仅可判断光电三极管引脚，而且还可检验出该管有无光敏功能。至于光电二极管，其灵敏度不及光电三极管，在上述同一条件下，所测得的值比光电三极管的大。

 细节 62：光电耦合器

光电耦合器是一种以光为媒介传输信号的复合器件。通常是把发光器（可见光 LED 或红外线 LED）与受光器（光电半导体管）封装在同一管壳内。图 5-24 为部分常见光电耦合器外形，其电路图形符号如图 5-25 所示。

图 5-24　光电耦合器外形

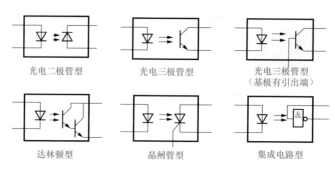

光电二极管型　　　光电三极管型　　　光电三极管型
（基极有引出端）

达林顿型　　　晶闸管型　　　集成电路型

图 5-25　光电耦合器电路图形符号

1 光电耦合器的种类

光电耦合器种类较多，如图 5-26 所示。按其内部输出电路结构不同，可分为光电二极管型、光电三极管型、光敏电阻型、光控晶闸管型、达林顿型、集成电路型、光电二极管和半导体管型等。按其输出形式不同，可分为普通型、线性输出型、高速输出型、高传输比型、双路输出型和组合封装型等。

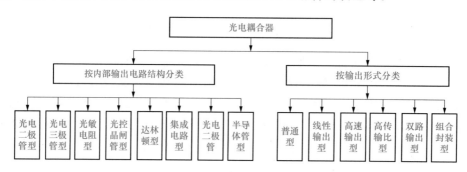

图 5-26　光电耦合器的分类

2 光电耦合器的参数

光电耦合器的主要参数有正向电压 U_F、输出电流 I_L 和反向击穿电压 U_{BR} 等。

（1）正向电压。正向电压 U_F 是光电耦合器输入端的主要参数，是指使输入端发光二极管正向导通所需的最小电压（即发光二极管管压降），如图 5-27 所示。

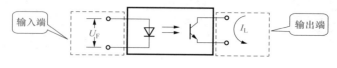

输入端　　　　　　　　　　　　　　　输出端

图 5-27　正向电压

（2）输出电流。输出电流 I_L 是光电耦合器输出端的主要参数，是指输入端接入规定正向电压时，输出端光电器件通过的光电流，如图 5-27 所示。

（3）反向击穿电压。反向击穿电压 U_{BR} 是一项极限参数，是指输出端光电器件反向电流达到规定值时，其两极间的电压降。使用中工作电压应在 U_{BR} 以下并留有一定余量。

3　检测光电耦合器

光电耦合器输入部分与输出部分之间是绝缘的，因此检测光电耦合器时应分别检测其输入和输出部分。

（1）检测输入部分。选择万用表的"$R \times 1k$"挡，分别测量输入部分发光二极管的正、反向电阻，如图 5-28 所示，其正向电阻为几百欧姆，反向电阻为几十千欧姆。

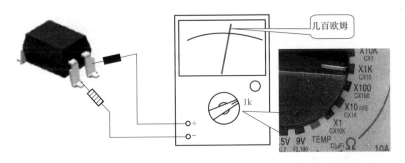

图 5-28　检测正向电阻

这里有一点需要说明，光电耦合器中的发光二极管的正向管压降较普通发光二极管低，在 1.3V 以下，所以可以用万用表"$R \times 1k$"挡直接测量。

（2）检测输出部分。以光电三极管型光电耦合器为例，在输入端悬空的前提下，测量输出端两引脚（光电三极管的 c、e 极）间的正、反向电阻，均应为无穷大，如图 5-29 所示。

（3）检测光电耦合器的传输性能。将万用表置于"$R \times 100$"挡，黑表笔接输出部分光电三极管的集电极 c，红表笔接发射极 e，如图 5-30 所示。当按图 5-30 所示给光电耦合器输入端接入正向电压时，光电三极管应导通，万用表指示阻值很小。当切断输入端正向电压时，光电三极管应截止，阻值为无穷大。

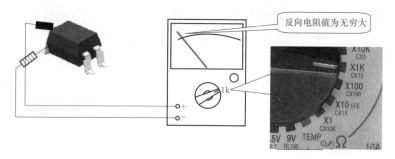

图 5-29　检测反向电阻

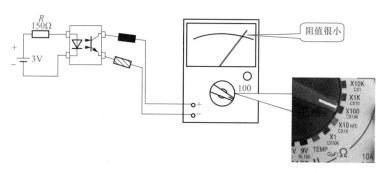

图 5-30　检测光电耦合器的传输性能

（4）检测绝缘电阻。如图 5-31 所示，将万用表置于"$R \times 10k$"挡，测量输入端与输出端之间任两只引脚间的电阻，均应为无穷大。

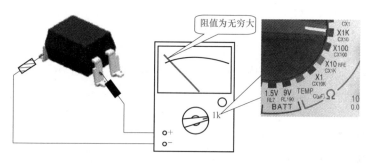

图 5-31　检测绝缘电阻

 细节 63：光电开关

光电开关是指把 LED（主要是指 IRED）和光敏器件按要求组合在一起的开关。光电开关是通过改变光线当前的状况控制电路的连通性，然后光电开关把光强度的变化转换成电信号的变化实现控制。光电开关没有机械磨损，不产生电火花，是一种安全、可靠和寿命长的无触点开关。

1 光电开关的分类

光电开关按结构和工作方式可分成下列几种。

（1）槽隙式光电开关。将一个光发射器和一个光接收器面对面地装在一个槽的两侧则构成槽隙式光电开关，如图 5-32 所示。光发射器能发出红外光或可见光，在无阻挡情况下，光接收器能接收到光。但当被检测物从中通过时，光被遮挡，光电开关便动作，输出一个开关控制信号，切断或接通负载电流。槽隙式光电开关的检测距离因为受整体结构的限制，一般只有几厘米。

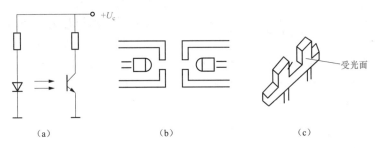

图 5-32 槽隙式光电开关

（a）内部电路；（b）光发射器与光接收器；（c）结构

（2）对射式光电开关。若把光发射器和光接收器分离开，能使检测距离加大。由一个单独的光发射器和一个单独的光接收器组成的光电开关就称为对射分离式光电开关，简称对射式光电开关，如图 5-33 所示。它的检测距离可达几米乃至几十米。使用时把光发射器和光接收器分别装在检测物通过路径的两侧，检测物通过时阻挡光路，光接收器就动作，输出一个开关控制信号。

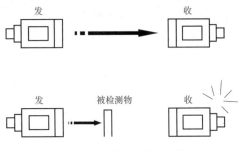

图 5-33 对射式光电开关

（3）反光板反射式光电开关。把光发射器和光接收器装入同一个装置内，在它的前方装一块反光板，利用光反射原理完成光电控制作用的称为反光板反射式光电开关，如图 5-34 所示。在正常情况下，光发射器发出的光通过反光板反射回来被光接收器收到；一旦光路被检测物挡住，光接收器收不到光时，光电开关就动作，输出一个开关控制信号。

以上三种开关都是在光从有变无或从亮变暗时动作的，因而称为"暗态"接通。

（4）扩散反射式光电开关。图 5-35 是扩散反射式光电开关的原理图。它的检测头里也装有一个光发射器和一个光接收器，但前方没有反光板。正常情况下，光发射器发出的光光接收器是收不到的；当检测物通过时挡住了光，并把光部分反射回来时，光接收器就收到光信号，输出一个开关控制信号。它是在光从无变有或从暗变亮时动作的，所以称为"亮态"接通。

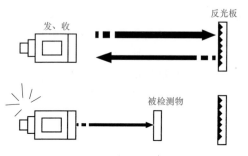

图 5-34　反光板反射式光电开关

这种光电开关的缺点是：反射物体的反射率不同，对测试结果影响较大；容易受反射往返距离的影响；光发射器和光接收器在同一平面上，易受外来光的影响，干扰较大。

（5）光纤式光电开关。如图 5-36所示，它是把光发射器发出的光用光纤引导到检测点，再把检测到的光信号用光纤引导到光接收器就组成光纤式光电开关。按工作方式的不同，光纤式光电开关也可分为对射式、反光板反射式、扩散反射式等多种类型。使用的光纤有玻璃光纤和塑料光纤两种。

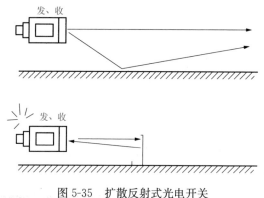

图 5-35　扩散反射式光电开关

光纤式光电开关的优点：一是能检测非常细小、用其他方法很难检测的物体；二是可以在强腐蚀性、高温度等恶劣环境下工作，使用玻璃光纤还可以在 200℃的高温下工作。

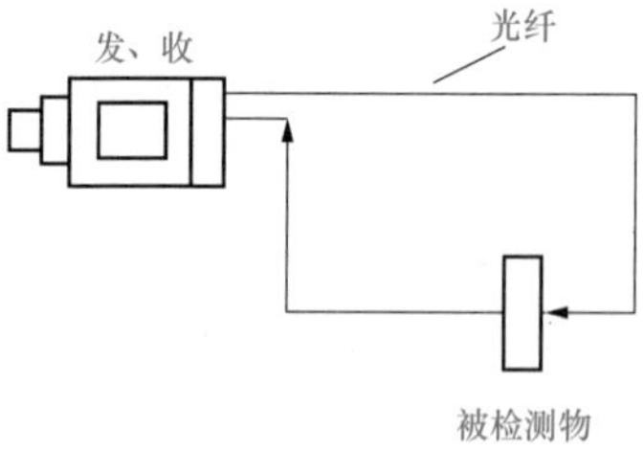

图 5-36　光纤式光电开关

2　光电开关的参数

（1）检测距离。光电开关的检测距离是指在无尘的洁净环境中最大的可靠检测距离。它是用标准检测物测得的。因此对于对射式和扩散反射式光电开关来讲，被检测物的材料、透明度、色差、表面反射率等都会使检测距离发生变化；对于反光板反射式光电开关来讲，检测距离还和反光板的面积大小和表面反射率有关。使用时应参考手册给出的修正系数进行修改。

（2）"亮通"和"暗通"。光电开关输出负载有动合型和动断型两种。此外，光电开关本身还有"亮通"和"暗通"两种不同的使用方法。对于数字电路来讲，它们正好是"1"和"0"的关系。在电路上可以用"反相"的办法很容易地使"1"变成"0"，或使"0"变成"1"。光电开关的产品上一般都有"亮通"和"暗通"的转换开关，用户可自行选择转变。

（3）开关频率。有时被检测的物体是按一定的时间间隔，一个接一个地移向光电开关，又一个接一个地离开，这样不断地重复。不同的光电开关，对检测对象的响应能力是不同的。这种响应特性称为"开关频率"。

（4）负载电流。光电开关向负载提供电流的能力称为负载电流，光电开关是有源器件，它需要接通电源才能工作。有的要求直流供电，有的要求交流供电，也有交直流两用的。

3 光电开关的检测

以槽隙式光电开关为例介绍光电开关的检测方法。光电开关的输入端为红外发光管，输出端为光电晶体管，通常没有 b 极引出线。

（1）输入端与输出端的判别及输入端正、负极的识别。将指针万用表置 $R\times$ 1k 挡，利用测量正、反向电阻法进行检测。正、反向阻值相差较大，即具有单向导电特性的为输入端。在电阻较小的一次测量中，黑表笔接触的引脚为正极，另一引脚为负极。正、反向电阻相近，即不具有单向导电特性的则为输出端。

（2）输出端 c、e 极的识别及光电开关性能的检测。光电开关检测电路如图 5-37 所示。采用双表法测量，将数字万用表置 h_{FE} 挡，利用该表 NPN 插座的 c、e 孔向发光管提供电源。c 孔与发光管正极相连，e 孔与发光管负极相连。将指针万用表置 $R\times$10k 挡，红、黑表笔分别接触光电开关输出端的两个引脚。拿掉黑色挡板，如万用表的值明显减小，即表针明显向右摆动，则黑表笔接触的引

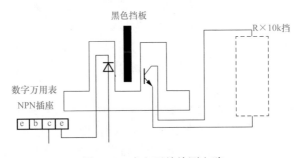

图 5-37　光电开关检测电路

脚为 c 极，另一引脚为 e 极。若表针基本不动，应交换表笔重新测量，直至识别出 c、e 极。上下移动黑色挡板，万用表的指针应明显地摆动。摆幅越大，光电开关越灵敏。

第二节　显　示　器　件

 细节 64：LED 数码管

LED 数码管是最常用的一种字符显示器件，它是将若干发光二极管按一定图形组织在一起构成的，其外形如图 5-38 所示，其图形符号如图 5-39 所示。它具有体积小、功耗低、寿命长、响应速度快、显示清晰、易于与集成电路匹配等优点。它适用于数字化仪表及各种终端设备中作数字显示器件。

图 5-38　LED 数码管

1 LED 数码管的分类

LED 数码管的分类方法如图 5-40 所示，其大致有以下几种分类方法。

图 5-39　LED 数码管图形符号

（1）按封装尺寸分类。封装尺寸一般分为大型、中型、小型三种。通常中、小型的采用双列直插式，大型的采用印刷板插入式。

（2）按显示位数分类。根据管位的数量不同一般可分为单管位、双管位、四管位以及多管位。单管位的通常称为数码管，多管位（结构）的称为显示器。双管位是将两只数码管封装成一体，其特点是结构紧凑、成本较低（与两只一位数码管相比）。图 5-41 为双位 LED 数码管端子排列顺序。为简化外部引线数量和降低显示器功耗，多位 LED 显示器一般采用动态扫描显示方式。

（3）按发光强度分类。按发光强度通常分为普通发光强度和高发光强度两种。普通发光强度显示的发光强度 IV≥0.3mcd，而高发光强度显示的发光强度 IV≥5mcd，而且后者工作电流小于前者。高发光强度 LED 数码管典型产品有 LED1025。

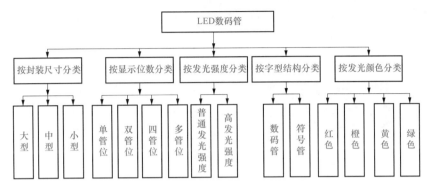

图 5-40　LED 数码管的分类

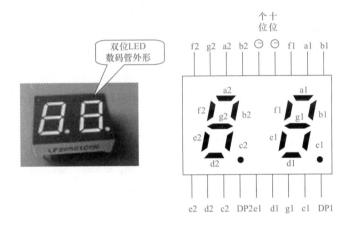

图 5-41　双位 LED 数码管端子排列顺序

（4）按字型结构分类。按字型结构通常分为数码管和符号管两种。符号管与通用数码管区别在于它可以显示符号。其中，"＋"符号管可以显示＋号和－号。±1符号管能显示＋1 和－1。米字管除可以显示＋、－、×、÷符号之外，还可以显示 A～Z 共 26 个英文字母。如图 5-42 所示，常用作单位符号显示。

（5）按发光颜色分类。LED 数码管发光颜色可分为红色、橙色、黄色和绿色等多种。发光颜色与发光二极管的半导体材料及其所掺杂质有关。

2　LED 数码管的参数

由于 LED 数码管是以 LED 为基础的，所以它的电特性及极限参数意义大部分与发光二极管的相同。

（1）发光强度比。由于数码管各段在同样的驱动电压时，各段正向电流不相同，所以各段发光强度不同。所有段的发光强度值中最大值与最小值之比为发光

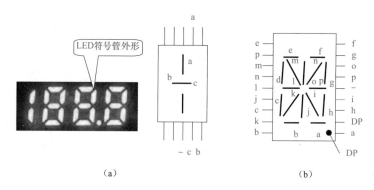

图 5-42 LED 符号管外形

强度比，比值可以在 1.5～2.3，最大不能超过 2.5。

（2）脉冲正向电流。若笔画显示器每段典型正向直流工作电流为 I_F，则在脉冲下，正向电流可以远大于 I_F。脉冲占空比越小，脉冲正向电流就越大。表 5-4 为部分常用 LED 数码管参数。

表 5-4 　　　　　　　　　　　　　**常用 LED 数码管参数**

型号	最大功耗 P_m（全亮）（mA）	最大工作电流 I_F（段）（mA）	正向压降 U_F（段）（V）	反向耐压 U_R（段）（V）	反向漏电流 I_R（段）（μA）	共用极	发光色
BS201A-B	200	10	≤2	≥5	≤50	共阴	红
BS202A-B	250	15	≤2	≥5	≤50	共阴	红
BS211A-B	200	10	≤2	≥5	≤50	共阳	红
BS212A-B	250	15	≤2	≥5	≤50	共阳	红
BS302A-B	200	15	≤2	≥5	≤50	共阳	红
BS312A-B	200	15	≤2	≥5	≤50	共阳	红
BS201	150	100（全亮）	≤1.8	≥5	≤100	共阴	红
BS204	300	200（全亮）	≤1.8	≥5	≤100	共阳	红
BS206	600	200（全亮）	≤3.6	≥5	≤100	共阳	红
BS210	400	150（全亮）	≤1.8	≥5	≤100	共阴	红

3 识别 LED 数码管引脚

LED 数码管具有较多引脚，使用中应注意识别。

（1）一位共阴极数码管的引脚。一位共阴极 LED 数码管共 10 只引脚，其中：③、⑧两引脚为公共负极（该两引脚内部已连接在一起），其余 8 只引脚分别为 7 段笔画和 1 个小数点的正极，如图 5-43 所示。

（2）一位共阳极数码管的引脚。一位共阳极 LED 数码管共 10 只引脚，其中：③、⑧两引脚为公共正极（该两引脚内部已连接在一起），其余 8 只引脚分别为 7 段笔画和 1 个小数点的负极，如图 5-43 所示。

（3）两位共阴极数码管的引脚。两位共阴极 LED 数码管共 18 只引脚，其中：⑥、⑤两引脚分别为个位和十位的公共负极，其余 16 只引脚分别为个位和十位的笔画与小数点的正极，如图 5-44 所示。

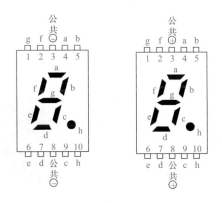

图 5-43　1 位共阴极 LED 数码管的引脚

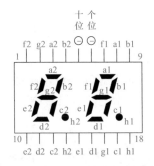

图 5-44　两位共阴极数码管的引脚

4　检测 LED 数码管

LED 数码管可用万用表电阻挡对其中的各个 LED 逐个检测。

万用表置于"R×10k"挡，对于共阴极数码管，红表笔接公共极，黑表笔依次分别接各笔段进行检测，如图 5-45 所示。对于共阳极数码管，万用表黑表笔接公共极，红表笔依次分别接各笔段进行检测，如图 5-46 所示。

 细节 65：液晶显示屏

液晶显示屏（Liquid Crystal Display，LCD）是一种新型的显示器件。其外

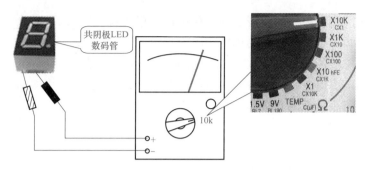

图 5-45　检测共阴极 LED 数码管

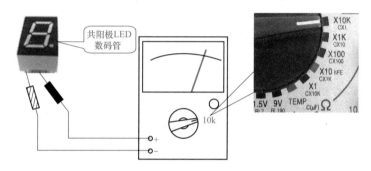

图 5-46　检测共阳极 LED 数码管

形如图 5-47 所示。液晶显示屏具有体积小、厚度薄、重量轻、寿命长、工作电压低、功耗微、强光照下显示效果好等特点，广泛应用在数字仪表、电子钟表、电子日历、计算器、电话机以及掌上数码设备中。

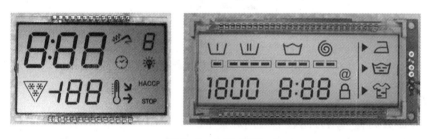

图 5-47　LCD 外形

1 液晶显示屏的分类

液晶显示屏的分类如图 5-48 所示，其详细介绍如下。

（1）按转换机理分类。液晶显示器按转换机理可分为扭曲列（TN）型、动态散射（DS）型、宾主（GH）型、超扭曲（STN）型、电控双折射（ECB）

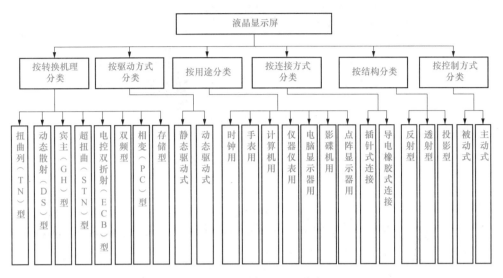

图 5-48　液晶显示屏的分类

型、双频型、相变（PC）型和存储型等。

（2）按驱动方式分类。液晶显示器按驱动方式可分为静态驱动式和动态驱动式。

（3）按用途分类。液晶显示器按用途的不同可分为时钟用、手表用、计算机用、仪器仪表用、电脑显示器用、影碟机用、点阵显示器用等。

（4）按结构分类。液晶显示器按结构可分为反射型、透射型和投影型等多种。

（5）按连接方式分类。液晶显示器按与驱动电路之间的连接方式可分为导电橡胶式连接和插针式连接。

（6）按控制方式分类。液晶显示器按控制方式可分为被动式和主动式。

2 检测液晶显示屏

液晶显示屏可用数字万用表以及感应电压法进行检测。

（1）用数字万用表检测。将数字万用表置于"二极管测量"挡，两表笔（不分正、负）分别接触液晶显示屏的两只引脚。如出现笔画显示，说明其中有一只引脚为 COM 端（公共端），这时将一个表笔换接到另外一只引脚，如仍出现笔画显示，说明未移动的那一个表笔所接引脚即为 COM 端，如图 5-49所示。

找出 COM 端后，一表笔接 COM 端，另一表笔依次接触各引脚，相应笔画应有显示，否则说明该笔画已损坏。

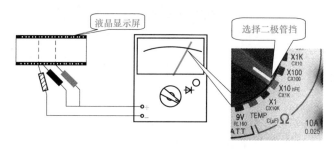

图 5-49　找到 COM 端的检测

　　需要注意的是，一块液晶显示屏的引脚中可能有一个以上的 COM 端，当两表笔分别接触的都是 COM 端时，显示屏无显示是正常的。

（2）用感应电压法检测。

　　用一根数十厘米长的绝缘软导线，一端在 220V 市电电源线（如台灯的电源线）上缠绕几圈，这时软导线上将有 50Hz 的交流感应电压。用软导线另一端的金属部分去接触液晶显示屏的各引脚，如图 5-50 所示，在 50Hz 感应电压的作用下，各相应笔画应有显示，否则说明显示屏的该笔画已损坏。

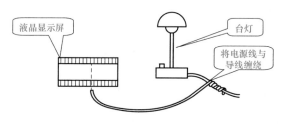

图 5-50　感应电压法检测

细节 66：等离子显示屏

　　在发光器件中，等离子显示器（Plasma Display Panel，PDP）无疑是近几年来人们最为看好的一种产品。它是继 CRT、LCD 后的新一代显示器，其特点是重量轻、图像质量高、分辨率佳、失真度小，不受磁力和磁场的影响，能实现全彩色显示和大屏幕化，为不久的将来实现高清晰度数字电视和大屏幕壁挂电视开拓了道路，代表了未来显示器的发展趋势。

依据电流方式的不同，PDP 可分为直流型（DC）与交流型（AC）两种，目前较为普及的是交流型 PDP，主因是 DC 型 PDP 以直流电压启动，因此在结构中不能有电容层，导致无法累积电荷于诱电层上，所以需要很高的启动电压。

PDP 依照电极的排列又可分为二电极对向放电（Column Discharge）与三电极表面放电（Surface Discharge）两种结构。按照 PDP 的研究发展进程，最早的 AC 型 PDP 使用的放电发光气体是氖气，因此所显现的色彩是单一的橙色。不过，初期的研究相当成功的单色 PDP 已经广泛应用在工业和第一代手提电脑的数字、文字显示。

第一代采用对向型结构的 PDP 在使用寿命与稳定上存在着许多问题。因此，1979 年富士通公司研发了二电极面放电结构的 AC 型 PDP，成功地改善了问题；接着又在 1984 年研发了三电极面放电结构；1988 年则再推出了反射型结构。1992 年该公司推出了直线型条状阻隔壁，奠定了大尺寸全彩 AC 型 PDP 的技术基础。

2000 年 6 月日本富士通与日间立公司合作，成功推出 ALIS（Alternate Lighting of Surfaces Method）新驱动 PDP 方式，通过改造电极构造提高影像清晰度。

第六章

开关、接插件和保护器件

开关、接插件和保护器件是电子电路中常用的转换、控制及保护元件，本章以三种元件为例，讲述其常见的外形与选用检测方法。

第一节 开 关

细节 67：开关的种类

开关是一种应用广泛的控制器件，在各种电子电路和电子设备中起着接通、切断、转换等控制作用。在电路中一般用字母"S"或"SA"、"SB"（旧标准用"K"）来表示开关，图 6-1 是其电路图形符号。

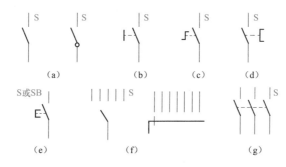

图 6-1 开关的电路图形符号

(a) 一般开关符号；(b) 手动开关；(c) 旋转开关；

(d) 拉拨开关；(e) 按钮开关；(f) 单极多位开关；(g) 多极多位开关

1 开关的种类

开关的种类繁多，大小各异，可以根据其结构特点、极数、位数、用途等进行分类，如图 6-2 所示。

（1）按结构特点分类。开关按结构特点可分为按钮开关、拨动开关、薄膜开关、水银开关、杠杆式开关、微动开关、行程开关等。

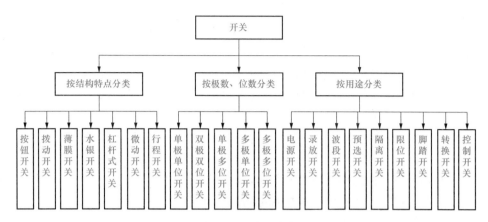

图 6-2 开关的分类

（2）按极数、位数分类。开关按极数和位数可分为单极单位开关、双极双位开关、单极多位开关、多极单位开关和多极多位开关等。

（3）按用途分类。开关按用途可分为电源开关、录放开关、波段开关、预选开关、隔离开关、限位开关、脚踏开关、转换开关、控制开关等。

　　在本书第五章中已介绍过光电开关，下面介绍在电子设备中常用的机械开关、薄膜开关和接近开关。

2 机械开关

机械开关的文字符号过去用"K"（按钮开关也有用"SB"）表示，按新标准规定要用"S"或"SX"表示。另外，对于机械开关，还经常提到开关的"极"（也称为"刀"）、"位"（也称为"掷"）。开关的"极""刀"相当于开关的活动触点（触头、触刀），"位""掷"相当于开关的静止触点（接点）。当按动或拨动开关时，活动触点就与静止触点接通（或断开），从而起到接通或断开电路的作用。

（1）机械开关的主要技术参数。

1）最大额定电压。最大额定电压是指在正常工作状态下开关能容许施加的最大电压。若是交流电源开关，通常用交流电压作此参数。

2）最大额定电流。最大额定电流是指在正常工作状态下开关所容许通过的最大电流。若电压标注为交流（AC），则电流也指交流。

3）接触电阻。开关接通时，"接触对"（两触点）导体间的电阻值叫作接触电阻。要求该值越小越好，一般开关多在 20mΩ 以下，某些开关及使用久的开关则在 0.1～0.8Ω。

4）绝缘电阻。指定的不相接触的开关导体之间的电阻称为绝缘电阻。此值越大越好，一般开关多在 100MΩ 以上。

5）耐压。耐压也叫抗电强度，其含义是指定的不相接触的开关导体之间所能承受的电压。一般开关至少大于 100V；电源（市电）开关要求大于 500V（交流，50Hz）。

6）寿命。寿命是指开关在正常条件下能工作的有效时间（使用次数）。通常为 5000～10000 次，要求较高的开关为 $5\times10^4\sim5\times10^5$ 次。

一般情况下，在选用及更换开关时，除了型号或外形等需考虑外，参数方面只要注意额定电压、额定电流和接触电阻三项即可。

（2）常用的机械开关。

1）拨动开关。拨动开关是指通过拨动操作的开关，在家用电器中，拨动开关常作为电源转换开关等。其结构如图 6-3 所示。这种开关因经常被人接触，安全性特别重要，其开关都隐藏在开关绝缘外壳里面，接线时打开外壳，如同电源插座一样。

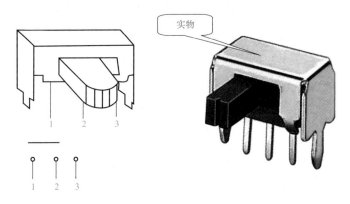

实物

图 6-3　拨动开关的外形

2）直键开关。直键开关常在收录机中作波段开关、声道转换、响度控制及电源开关使用，其外形如图 6-4 所示。

直键开关的外壳为塑料结构，内部每组触点的接触方式为单刀双掷式，即每组开关有三个触点，中间 2 为刀位，两头 1 和 3 两个触点为掷位。直键开关又分为自复位式和自锁式两种。自复位式开关在工作时需压下开关柄，当不压开关柄时，因开关上的弹簧作用而能自动复位。自锁式开关与上述开关相同，只是设置了锁簧，当开关压下后，开关柄被锁簧卡住，实现了自锁。要想开关复位，必须再次压下开关柄。这种直键开关也可根据电路要求做成多只联动开关。当按下其中一只开关时，其余开关均复位。

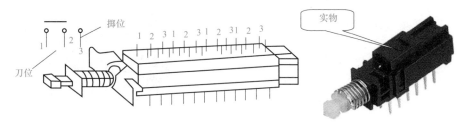

图 6-4　直键开关的外形

3）杠杆式开关。杠杆式开关是利用杠杆原理制造靠搬动杠杆带动滑块动作的，其外形结构如图 6-5 所示。这种开关拨动省力、定位可靠、位数多、使用方便，广泛应用于各种收音机及音响装置中，主要用作波段开关、声道转换开关、功能（收、录、放等）切换开关、磁带选择开关及杜比降噪开关等。

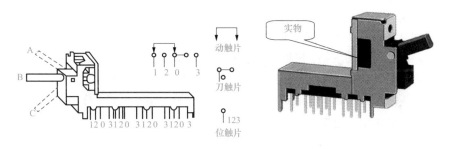

图 6-5　杠杆式开关的外形

3　薄膜开关

薄膜开关又称平面开关、轻触键盘，是近年来国际上流行的一种集装饰与功能于一体的新型元件，也是继导电橡胶、微动开关之后的新一代电子开关产品。薄膜开关具有良好的密封性能，能有效地防尘、防水、防有害气体及防油污浸渍。它与传统的机械式开关相比，具有结构简单、外形美观、耐环境性优良、便于高密度化等特点，从而大大提高了产品的可靠性和寿命（寿命达 100 万次以上）。

薄膜开关分为柔性薄膜开关和硬性薄膜开关两种类型。柔性薄膜开关的结构如图 6-6 所示。

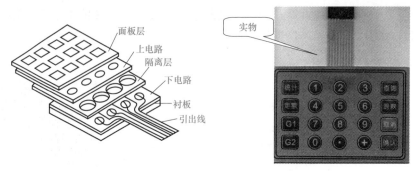

图 6-6　薄膜开关的外形

 细节 68：开关的选用与检测

1　开关的选用

（1）根据用途选用开关。

开关的种类很多，选择哪种类型的开关，应根据具体用途而定。例如，按钮开关常用在启动电路、复位电路、触发电路及状态选择电路等，按键开关、旋转开关和拨动开关常用在电源控制及功能控制等电路，水银开关常用于各种报警电路，行程开关常用于状态控制电路。

（2）选择开关的规格。根据用途选出开关的类型后，还应按应用电路的要求选择开关的规格，如开关的外形尺寸及额定电流、额定电压、绝缘电阻等主要参数。要求所选用开关的额定电压和额定电流为应用电路的工作电压和工作电流的 1～2 倍。

2　机械开关的检测

以拨动开关的检测方法为例。

将万用表置于"$R\times1$"挡，测量各引脚的通断情况，如图 6-7 所示。

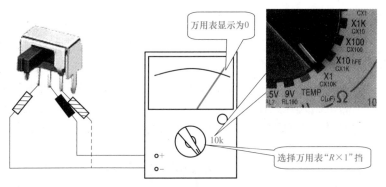

图 6-7　拨动开关的检测

当开关柄拨向左面时，引脚的 1、2 脚相通，2、3 脚断开；当开关柄拨向右面时，两排引脚的 2、3 脚相通，1、2 脚断开。如图 6-8 所示，再将万用表拨至"R×10k"挡，测各引脚与铁制外壳间的电阻值都应该为无穷大。

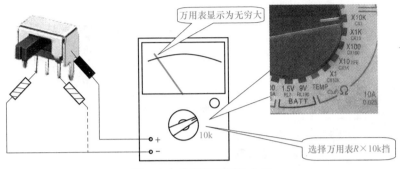

图 6-8　检测引脚搭铁电阻

值得注意的是，直键开关的两排引脚是互相独立的，且对应排列，各自的每三个引脚为一组。测量时，可选用万用表"R×1"挡，检查通断情况是否正常。当开关未按下时，刀位 2 应与掷位 1 接通并与掷位 3 断开；当开关按下时，刀位 2 应与掷位 3 接通并与掷位 1 断开。按此规律可将各组通断情况测出。

3　薄膜开关的检测

现以图 6-9 所示的薄膜开关为例介绍检测方法。

薄膜开关采用 16 键标准键盘，为矩阵排列方式，仅 8 根引出线。检测如图 6-10 所示，将万用表置于 R×10 挡，两支表笔分别接①和⑤，当用手指按下数字键 1 时，电阻值应为零，说明①、⑤接通，当松开手指时，电阻值应为无穷大。对其他键的检查依此类推。

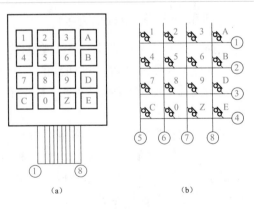

（a）　　　　　　　　（b）

图 6-9　薄膜开关的检测

再将万用表置于 R×10k 挡，不按薄膜开关上任何一键，保持全部按键均处于抬起状态。先把一支表笔接在引出端①上，用另一支表笔依次去接触②～⑧；然后再把一支表笔接②，用另一支表笔依次接触③～⑧。以下参照此法依次进行，直到测完⑦⑧端之间的绝缘情况。整个检测过程中，万用表指针都应停在无穷大位置不动。如果发现某对引出端之间的电阻不是无穷大，则说明该对引出线之间有漏电性故障。

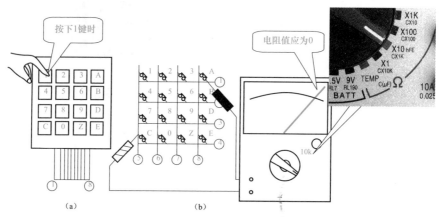

图 6-10 检测薄膜开关键盘是否正常

第二节 接 插 件

细节 69：接插件的种类

接插件是实现电路器件、部件或组件之间可拆卸连接的连接器件，包括各种插头、插座与接线端子等。接插件的一般文字符号为"X"，插头的文字符号为"XP"，图 6-11 为部分接插件外形。插座的文字符号为"XS"，它们的图形符号如图 6-12 所示。

接插件的种类很多，大小各异。按形式不同，可分为单芯插头插座、二芯插头插座、三芯插头插座、同轴插头插座和多极插头插座等。按用途不同，可分为音频视频插头插座、印制电路板插座、电源插头插座、集成电路插座、管座、接线柱、接线端子和连接器等。

细节 70：接插件的选用及检测

1 接插件的选用

（1）选用接插件时要从实际出发，根据用途进行选择。如用于收音机、收录机、电视机外接输入，放音输出等可选用小型二芯或三芯接插件。如用于音响设备、录音设备的机械接口可选用圆形接插件的 YC 型。

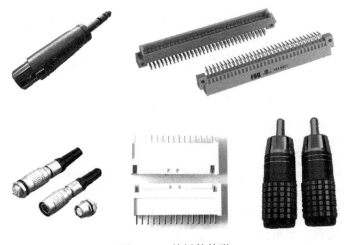

图 6-11 接插件外形

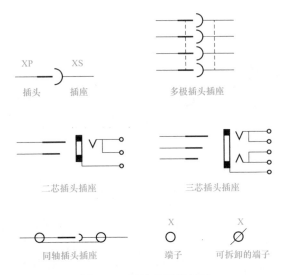

图 6-12 插接件图形符号

（2）选用接插件时，要注意外形尺寸、安装尺寸、开口尺寸的大小，不能过大，也不能过小。

（3）选用接插件时，要注意接插对的数目与需求数目一致，也可稍有富余，但不能太多。

（4）在维修中发现有损坏的接插件时，首先要立足于修复，然后再做更换处理。更换时应尽量选用同规格的。

（5）选用接插件时，要注意接插件的额定电压、额定电流满足工作电路的要求，而且要留有余量。

（6）在使用接插件时，注意不能插反或错位，当拔插不通畅时，不能强行拔插，防止损坏。

（7）在使用集成电路插座时，一定要在弄清方向的前提下，再插入集成电路，否则将造成集成电路的损坏。

2　接插件的检测

各种接插件均可用万用表电阻挡进行通断和绝缘性能检测。

（1）检测带转换开关功能的插座。以检测三芯插座为例，方法如图 6-13 所示，将万用表置于"$R×1k$"或"$R×10k$"挡，两表笔（不分正、负）分别接插座的 a、b 引出端，其阻值应为 0（a 端与 b 端接通）；用一只未连线的空插头插入被测插座后，万用表指示应变为无穷大（a 端与 b 端断开）。再以同样方法检测插座的 c、d 端。

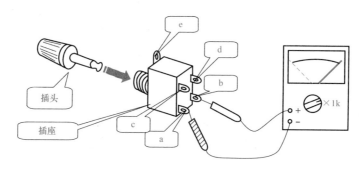

图 6-13　检测三芯插座

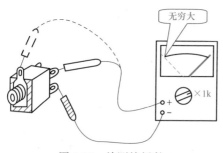

图 6-14　检测接插件

（2）检测其他接插件。其他接插件的检测比较简单，主要是检测插头、插座各引出端之间有无短路。如图 6-14 所示，用万用表测量各引出端之间的阻值，均应为无穷大，否则说明该插头或插座已损坏。

第三节 保 险 器 件

细节 71：保险器件种类及参数

保险器件主要包括各种熔丝和熔断电阻。熔丝是一种常用的一次性保护器件，主要用来对电子设备和电路进行过载或短路保护。熔丝的文字符号为"FU"，图 6-15 为部分常见熔丝的外形，电路图形符号如图 6-16 所示。

图 6-15　熔丝的外形

①　熔丝的分类

熔丝的种类较多，外形各异，可分为普通熔丝、玻璃管熔丝、快速熔断熔丝、延迟熔断熔丝、温度熔丝和可恢复熔丝等。

FU
图 6-16　熔丝的
电路图形符号

②　熔丝的参数

熔丝的主要参数包括额定电压和额定电流。

（1）额定电压。额定电压是指熔丝长期正常工作所能承受的最高电压，如 250V、500V 等。

（2）额定电流。额定电流是指熔丝长期正常工作所能承受的最大电流，如 0.25A、0.5A、0.75A、1A、2A、5A、10A 等。

额定电压和额定电流一般直接标注在熔丝的外壳上，如图 6-17 所示。

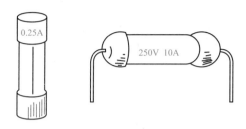

图 6-17　标注在熔丝上的额定
电流与额定电压

 细节 72：保险器件的选用及检测

1 保险器件的选用

保险器件的选择比较简单，只要根据使用时的额定电流与额定电压进行选择即可。

2 保险器件的检测

保险器件的好坏可用万用表的电阻挡进行检测。

（1）检测普通熔丝管。万用表置于"$R×1$"或"$R×10$"挡，两表笔（不分正、负）分别与被测熔丝管的两端金属帽相接，其阻值应为 0Ω，如图 6-18 所示。如阻值为无穷大（表针不动），说明该熔丝管已熔断。如有较大阻值或表针指示不稳定，说明该熔丝管性能不良。

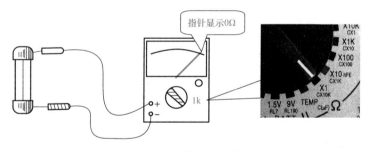

图 6-18　检测熔丝管

（2）检测熔断电阻。根据熔断电阻的阻值将万用表置于适当挡位，两表笔（不分正、负）分别与被测熔断电阻的两引脚相接，其阻值应基本符合该熔断电阻的标称阻值，如图 6-19 所示。如阻值为无穷大（表针不动），说明该熔断电阻已熔断。如有较大阻值或表针指示不稳定，说明该熔断电阻性能不良。

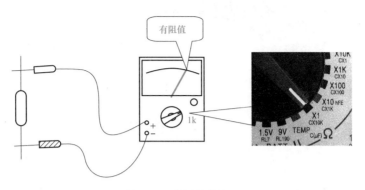

图 6-19 检测熔断电阻

第七章

电子元器件焊接工艺

前6章的内容以元件为例讲述其检测选用原则，本章主要讲述焊接及更换的操作工具与方法，诸多内容需要读者动手练习，只有多练才能体验本章部分内容的真正含义。

第一节　焊接工具的选用

 细节 73：电烙铁的选用

电烙铁是电子元件焊接必不可少的工具，目前常用的电烙铁分为内热式和外热式两种。

1 内热式电烙铁

> 20W 的内热式电烙铁相当于 40W 左右的外热式电烙铁。

如图 7-1 所示，内热式电烙铁头的后面是空心的，用于套装在连接杆上，并且用弹簧夹固定。内热式电烙铁的烙铁心是由比较细的镍铬电阻丝绕在瓷管上制成的。常见的有 20W、30W、50W 等几种。它的特点是升温快、重量轻、体积小、耗电省、热效率高。

2 外热式电烙铁

图 7-2 为外热式电烙铁。由于烙铁头安装在烙铁心内，因此称为外热式电烙铁。烙铁头由紫铜材料制成。它的作用是储存热量和传递热量，其形状有锥形、凿形、圆斜面形等，以适应不同焊接物的要求。烙铁心把电热丝平行地绕在一根空心瓷管上，中间由云母片绝缘，并引出两根导线与 220V 电源相连接。

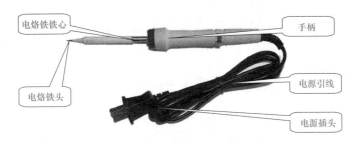

图 7-1　内热式电烙铁

图 7-2　外热式电烙铁

常用的外热式电烙铁按功率大小划分，常用的有 20W、30W、45W、75W、100W 等。由于烙铁心的功率不同，其内阻也不同，如 25W 的阻值约为 2kΩ，45W 的阻值约为 1kΩ，75W 的阻值约为 0.6kΩ，100W 的阻值约为 0.5kΩ。

除此之外，还有恒温电烙铁和吸锡电烙铁。前者主要用于焊接集成电路等器件，而后者主要用于元器件的拆焊。

3　电烙铁的选用

（1）电烙铁的选用原则。电烙铁可参照表 7-1 选择。

表 7-1　　　　　　　　　　　电烙铁的选用原则

电烙铁的类型	功率（W）	用　途
内热式	20	焊接集成电路、晶体管及受热易损件
外热式	25	

电烙铁的类型	功率（W）	用　　途
内热式	30～50	焊接导线或同轴电缆
外热式	50～100	
内热式	50	焊接较大的元器件
外热式	75	

（2）电烙铁的使用方法。电烙铁的握法有三种，如图 7-3 所示。

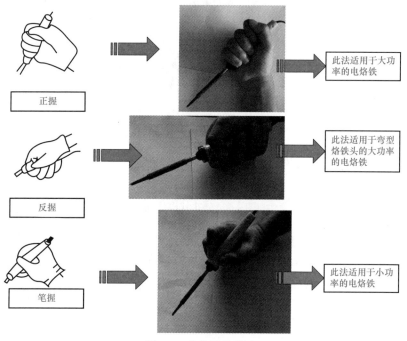

正握　　反握　　笔握

此法适用于大功率的电烙铁

此法适用于弯型烙铁头的大功率的电烙铁

此法适用于小功率的电烙铁

图 7-3　电烙铁的握法

（3）新的电烙铁在使用前需进行以下方法处理，以方便在后续的使用。

1）使用锉刀把烙铁头锉成一定的形状。

2）通电，当烙铁头温度升至能熔锡时，将松香涂在烙铁头上。

3）待松香冒烟后，再涂上一层焊锡。

4）反复几次，直到将烙铁头的刃口全部挂上锡。

细节 74：焊料及焊剂的选用

1 焊料

焊料是指易熔的金属及其合金。它是将被焊物连接在一起。焊料的熔点比被焊物的熔点低，而且要易于与被焊物连为一体。焊料按其组成成分，可分为锡铅焊料、银焊料、铜焊料。在电子产品装配中，一般都选用锡铅系列焊料，也称焊锡，其外形如图 7-4 所示。

将焊锡做成条状，就形成了焊锡丝，它更容易在电子元件焊接时使用

图 7-4　焊锡

2　助焊剂

在进行焊接时，为了使被焊物与焊料焊接牢靠，就必须要求金属表面无氧化物和杂质。因此要采取各种有效措施将氧化物和杂质除去。除去氧化物与杂质，通常有两种方法：机械方法和化学方法。

机械方法是用砂纸和刀子将氧化层除掉，化学方法则是用焊剂清除。

　　用焊剂清除的方法具有不损坏被焊物及效率高的特点。因此焊接时，一般都采用这种方法。

助焊剂可分为无机系列、有机系列和树脂系列。其特点如图 7-5 所示。

　　值得注意的是，电子线路的焊接通常都采用松香、松香酒精焊剂。这样可以保证电路元件不被腐蚀、电路板的绝缘性能不致下降。另外，电子元器件的引线多数是镀了锡的，但也有的镀了金、银或镍的，这些金属的焊接情况各有不同。可按金属的不同选用不同的焊剂。

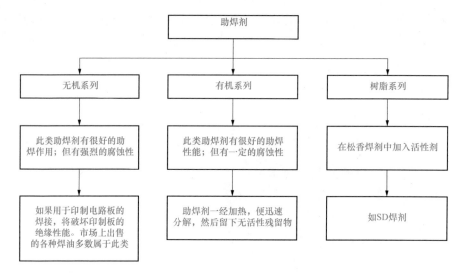

图 7-5　助焊剂的分类及特点

第二节　手工焊接的工艺及操作要领

 细节 75：焊接要求及操作要领

1　焊接要求

电子产品组装的任务是在印制电路板上对电子元器件进行焊接。焊点的个数从几十个到成千上万个，如果有一个焊点达不到要求，就要影响整机的质量，因此在焊接操作时，必须做到以下几点。

（1）焊点的机械强度要足够。为保证被焊件在受到振动或冲击时不致脱落、松动，焊点要有足够的机械强度。为了使焊点有足够的机械强度，一般可采用把被焊元器件的引线端子打弯后再焊接的方法。但不能用过多的焊料堆积。否则容易造成虚焊、焊点与焊点的短路。

（2）焊接可靠，保证导电性能。为了使焊点有良好的导电性能，必须防止虚焊。

虚焊是指焊料与被焊物表面没有形成合金结构，只是简单地依附在被焊金属的表面上。图 7-6 为虚焊的一种实例。

在锡焊时，如果只有一部分形成合金，而其余部分没有形成合金，这种焊点在短期内也能通过电流，用仪表测量也很难发现问题。但随着时间的推移，没有形成合金的表面就要被氧化，此时便会出现时通时断的现象，对于这种现象要事先采取有效措施预防，以避免发生。

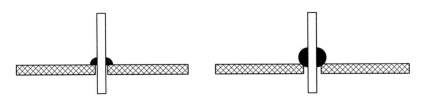

图 7-6 虚焊

（3）焊点表面要光滑、清洁。为了使焊点美观、光滑、整齐，不但要有熟练的焊接技能，而且要选择合适的焊料和焊剂。否则将出现焊点表面粗糙、拉尖、棱角等现象。

2 焊接的操作要领

焊接操作包括：焊接准备→清理元件引脚→元件引脚搪锡→插装元件→施加焊剂→预热被焊物→施加焊料→撤出焊料→修理引脚。接下来将以上几步分开详细讲解其操作要领。

（1）焊前准备。准备工具，视被焊物的大小，准备好电烙铁、镊子、剪刀、偏口钳、尖嘴钳、焊剂等。在焊前要检查元器件的可焊性，对可焊性不好的元器件（生产时间较早）要将元器件引线刮净，最好是先挂锡再焊。对被焊物表面的氧化物、锈斑、油污、灰尘、杂质等要清理干净。

（2）焊剂的用量要合适。使用焊剂时，必须根据被焊件的面积大小和表面状态适量使用，用量过少则影响焊接质量，用量过多，焊剂残渣将会腐蚀零件，并使线路板的绝缘性能变差。

（3）焊接的温度和时间要掌握好。在焊接时，为了使被焊件达到适当的温度，并使固体焊料迅速熔化，产生润湿，就要有足够的热量和温度。锡焊的时间因被焊件的形状、大小而有所差别，但总的原则是根据被焊件是否完全被焊料所润湿的情况而定。通常情况下，烙铁头与焊点接触时间是以使焊点光亮、圆滑为适宜。

（4）焊料的施加方法。焊料的施加方法可根据焊点的大小及被焊件的多少而定。

当引线焊接于接线柱上时，首先将烙铁头放在接线端子上和引线上，被焊件经过加热达到一定温度后，先给少量焊料，这样可加快烙铁与被焊件的热传导，使几个被焊件温度达到一致，当几个被焊件温度都达到了焊料熔化的温度时，应立即将焊锡丝加到距电烙铁加热部位最远的地方，直到焊料润湿整个焊点时便可撤去焊锡丝。

如果焊点较小，便可用烙铁头蘸取适量焊锡，再蘸取松香后，直接放到焊点上。待焊点着锡并润湿后便可将烙铁撤走。

（5）撤烙铁时，要从下面向上提拉，以使焊点光亮、饱满。

焊接时，烙铁头与引线、印制板的铜箔之间要充分接触，正确的焊接预热法如图 7-7 所示。

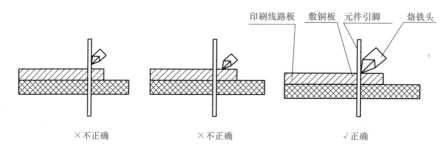

印刷线路板　　敷铜板　元件引脚　　烙铁头

×不正确　　　　　　×不正确　　　　　　√正确

图 7-7　不正确与正确的焊接预热法

细节 76：印制电路板的焊接工艺

印制电路板，又称印刷电路板，以绝缘板为基材，切成一定尺寸，其上至少附有一个导电图形，并布有孔（如元件孔、紧固孔、金属化孔等），用来代替以往装置电子元器件的底盘，并实现电子元器件之间的相互连接。由于这种板是采用电子印刷术制作的，故称为"印制"电路板，其外形如图 7-8 所示 。

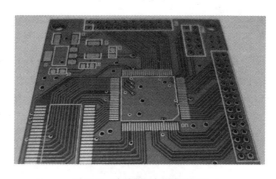

图 7-8　印制电路板的外形

1　焊接工艺

在焊接印制电路板时，焊接工艺如下所示。

（1）焊前准备。要熟悉所焊印制电路板的装配图，并按图纸配料检查元器件型号、规格及数量是否符合图纸上的要求。

（2）装焊顺序。元器件的装焊顺序应该是先低后高。依次是电阻器、二极管、双列直插或扁平封装集成电路、电容器、三极管、集成电路、大功率管。其他元器件是先小后大。按这种顺序安装，容易做到摆放平整，插件容易。

（3）对元器件焊接的要求。

1）电阻器、二极管和电容器的焊接。此类元器件的安装顺序为"先小后大"。立装要求标记向上，字向一致，平装要求字向一致，装完一种规格再装另一种规格，尽量使它们的高低一致并且与印制板保持一定距离。

2）三极管的焊接。按要求将 e、b、c 三根引线脚装入规定位置。焊接大功率三极管时，若需要加装散热片，应将接触面平整，打磨光滑涂抹散热硅脂后再紧固。

3）集成电路的焊接。焊接时，先焊集成电路边沿的两只引线脚，以使其定位，然后再从左到右或从上至下进行逐个焊接。焊接时，最好使用 φ0.8 焊丝和尖头电烙铁。烙铁头先接触印制电路上的铜箔随即将焊丝送上。待焊锡进入集成电路引线脚底部时，撤走烙铁。接触时间以不超过 3s 为宜，而且要使焊锡均匀包住引线脚。

2 拆焊

在调试、维修中，需要对元器件进行更换。在更换元器件时就需要拆焊。由于拆焊的方法不当，往往造成元器件的损坏、印制导线的断裂，甚至焊盘的脱落。尤其是更换集成电路芯片时，就更加困难。下面介绍几种拆焊的方法。

（1）选用合适的医用空心针头拆焊。将医用针头用钢锉锉平，作为拆焊的工具。具体的方法是：一边用烙铁熔化焊点，一边把针头套在被焊的元器件引线上，直至焊点熔化后，将针头迅速插入印制电路板的孔内，使元器件的引线脚与印制板的焊盘脱开。

（2）用气囊吸锡器进行拆焊。将被拆的焊点加热，使焊料熔化，然后把吸锡器挤瘪，将吸嘴对准熔化的焊料，再放松吸锡器，焊料就被吸进吸锡器内。

（3）采用专用拆焊的电烙铁头拆焊。使用专用拆焊的电烙铁头，能一次完成多引线脚元器件的拆焊，而且电烙铁不易损坏印制电路板及其周围的元器件。

（4）用吸锡电烙铁拆焊。吸锡电烙铁也是一种专用拆焊电烙铁，其外形如图 7-9 所示，它能使电烙铁头在对焊点加热的同时，把锡吸入内腔，从而完成拆焊。

图 7-9　吸锡电烙铁

第三节　元器件装配工艺

 细节 77：元器件引线成形及插装方法

① 元器件引线成型

在组装印制电路板时，应提高焊接质量，避免浮焊，使元器件排列整齐、美观。因此对元器件引线的加工就成为不可缺少的一个步骤。元器件引线成形在工厂多采用模具，也可以用尖嘴钳或镊子加工。

引线的基本成型方法有两种：一是卷发式和打弯式的成型方法，适用于焊接时受热易损的元器件；二是垂直插装时的成型方法。

元器件成型的要求：引线打弯处距离引线根部要大于 1.5mm，弯曲的半径要大于引线直径的两倍，两根引线打弯后要相互平行，如图 7-10 所示。

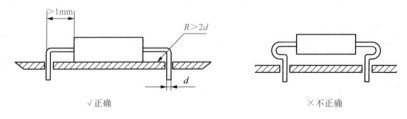

√正确　　　　　　　　　　　　　　×不正确

图 7-10　元器件成型的要求

成型时应注意将元器件的标称值及文字标记放在最易查看的位置，以利于检查和维修。

2 元器件的插装方法

元器件的插装常用有以下几种方法。

（1）卧式插装法。如图7-11（a）所示，它是将元器件紧贴印制电路板插装。

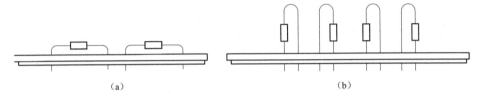

图7-11 元器件的两种插装方法
(a) 卧式；(b) 立式

元器件与印制电路板的间距可视具体情况而定，卧式插装法的优点是稳定性好，比较牢固，受振动时不易脱落。

（2）立式插装法。立式插装法如图7-11（b）所示，它的优点是密度较大，占用印制板的面积少，拆卸方便。电容、三极管多数采用这种方法。

仪器电路板多使用卧式插装法。

（3）元件的排列。电子产品元件在线路板上排列有规则排列和不规则排列，如图7-12和图7-13所示。

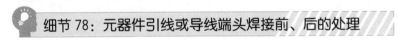

细节78：元器件引线或导线端头焊接前、后的处理

1 导线端头焊接前的处理

（1）元器件引脚的处理。在给元器件引线浸锡前，必须把元器件引线上的杂质、氧化层去掉。可以使用小刀或锋利的工具，沿着引线方向，距离器件引线根部2~4mm处向外刮。一边刮，一边转动器件引线，将引线上的氧化物彻底刮净为止。

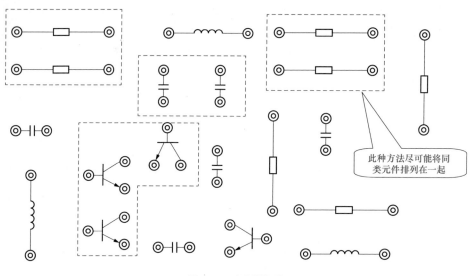

此种方法尽可能将同类元件排列在一起

图 7-12　规则排列

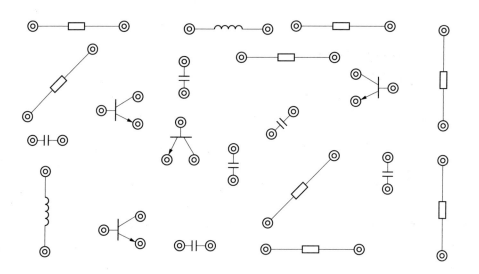

图 7-13　不规则排列

　　刮引线脚时要注意，不能把器件引线上原有的镀层刮掉，见到原金属的本色即可。同时也要注意，不能用力过猛，以防将元器件的引线刮断或折断。

（2）元器件引脚浸锡。由于元器件的长期存放，元器件表面会附有灰尘和杂质及氧化层，使元器件的引线可焊性变差。因此元器件在装入印制电路板前，需对引线脚进行浸锡处理，以保证不出现虚焊。

将刮净的元器件引线及时蘸上助焊剂，放入锡锅浸锡，或者用电烙铁上锡。

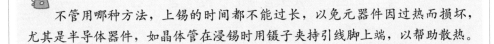

　　不管用哪种方法，上锡的时间都不能过长，以免元器件因过热而损坏，尤其是半导体器件，如晶体管在浸锡时用镊子夹持引线脚上端，以帮助散热。

（3）绝缘导线端头的处理。绝缘导线在接入电路前必须对端头进行加工处理。这样才能保证引线在接入电路后，不致因端头问题产生导电不良及经受不住一定的拉力而产生断头。加工时可以按以下步骤进行。

1）剥线头。就是将导线端头的绝缘物去掉露出芯线，如图 7-14 所示。剥线头的方法，一般是采用剥线钳。使用剥线钳时要选择合适的钳口，不要把芯线损坏。没有剥线钳的也可用电工刀或剪刀，但要特别留心不要损伤芯线。

2）捻线头。多股导线经剥线头后，芯线很容易松散。浸锡后就变得比原导线直径粗得多，并带有毛刺。因此多股绝缘导线剥头后要进行捻头处理。捻头的方法是按原来的方向继续捻紧，一般螺旋角在 $30°\sim40°$。捻线时用力要合适，否则就会将细线捻断。经捻头后的绝缘导线，应及时进行浸锡。浸锡方法与元器件引线基本相同，但要注意浸锡时不要浸到导线的绝缘层上，如图 7-15 所示。

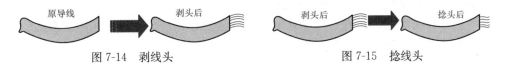

图 7-14　剥线头　　　　　　　　　　图 7-15　捻线头

❷ 元器件插装后的引线脚处理

元器件插到印制电路板上后，其引线穿过焊盘应保留一定的长度，一般为 $1\sim2mm$ 并与焊盘锡焊。为满足各种焊接强度的需要，一般可采用三种处理方式，如图 7-16 所示。

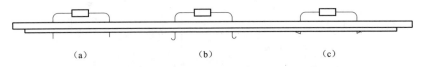

图 7-16　元器件插到印制电路板上引脚的三种处理方式
（a）直插式；（b）半打弯式；（c）完全打弯式

（1）直插式，这种形式的机械强度较小，但拆焊方便。

（2）半打弯式，弯成45°左右，具有一定的机械强度。

（3）完全打弯式，弯成90°左右。这种形式具有很高的机械强度，但拆焊比较困难。当采用此种形式时要注意焊盘中引线弯曲的方向。

第四节　印制电路板的装配工艺

 细节 79：印制电路板的焊前检修

1 焊前检修

印制电路板在插装元器件前，一定要检查其可焊性。

（1）印制电路板中有少数的焊盘可焊性差，可用棉球蘸上无水酒精擦涂。

（2）多数的焊盘可焊性差，一般要放在酸性溶液中浸泡数秒钟，取出后用清水冲洗干净，并烘干。

（3）清理完毕的印制电路板，应及时应用，否则将产生新的氧化层。

2 电路板间的互联

一个电子产品由许多块印制电路板组成，各印制电路板之间的连接方式因产品而异。

在自制工装、电路实验、样机试制时常使用焊接方式，优点是简单、可靠、廉价；缺点是互换、维修不便，批量生产工艺性差。

（1）导线焊接。如图 7-17 所示，一般焊接导线的焊盘尽可能在印制板边缘，并采用适当方式避免焊盘直接受力。

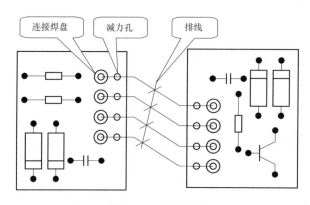

图 7-17　导线焊接

（2）排线焊接。如图 7-18 所示，两块印制板之间采用连接排线，既可靠又不易出现连接错误，且两板相对位置不受限制。

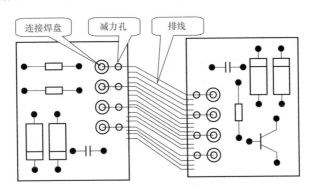

图 7-18　排线焊接

（3）印制板之间直接焊接。如图 7-19 所示，常用于两块印制板之间为 90°夹角的连接。连接后成为一个整体印制板部件。

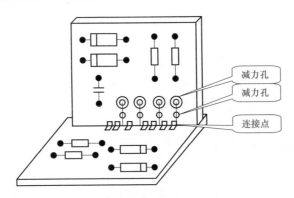

图 7-19　印制板之间直接焊接

　　目前，印制板间的连接多用插座式，即采用前文所述的插接件进行连接。

细节 80：印制电路板的焊后检修

在电子产品的组装或维修中，由于焊接技术不熟练等原因，将造成印制电路板铜箔的翘起、铜箔的断裂、焊盘的脱落等现象。当印制导线出现以上的缺陷时，将无法正常使用。为了使印制电路板恢复使用，必须进行修复。修复的方法如下。

1 搭接法

对已经断裂的铜箔可采用搭接法进行补救，具体步骤如下：

清除→擦洗→镀锡→修复→清理

（1）将断裂的铜箔部分表面的阻焊剂和涂覆层清除干净（距断裂处端头各5~8mm）。

（2）用酒精擦洗清除干净的部位。

（3）当酒精挥发完毕后，立即给清除干净的铜箔镀一层锡。

（4）取一段约20mm长的镀锡导线，将其焊接在已镀锡的铜箔上。

（5）把焊接处的焊剂清理干净。

2 跨接法

对已断裂的铜箔或焊盘的修复也可采用跨接法，尤其适用于焊盘脱落的修复：

找好跨接点→清理渡上锡→镀锡导线→修复

（1）先找好两个跨接点，以距离最近的两个元器件引线为宜。如果是焊盘脱落，此焊盘的元器件引线脚就为一个跨接点。

（2）将选定的跨接点进行清理，并镀上锡。

（3）取一段略大于两个跨接点距离的镀锡导线。

（4）将镀锡导线锡焊于跨接点上。

3 印制导线翘起的修复

印制导线的一部分与基板脱开，但另一部分保持不断，则称为印制导线的翘起。印制导线翘起后，将影响整机电路性能和使用。其修复方法如下：

清理→擦洗→涂黏合脂

（1）把翘起的印制导线底面与相应的基板表面清理干净，并用酒精清洗。

（2）在翘起的印制导线底面与其基板上，均匀地涂上环氧树脂，并在翘起的印制导线上施加压力，待粘牢固后，取消压力便可。

（3）当翘起的印制导线周围元器件密度较高，无法将环氧树脂涂在翘起的印制导线底面时，便可将翘起的印制导线表面及其周围的涂覆层刮净并加以清洗，然后均匀地涂上较厚的环氧树脂，粘牢即可。

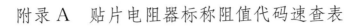
附录 A 贴片电阻器标称阻值代码速查表

1. 普通贴片电阻器标称阻值代码速查表

代码标志	标称阻值	代码标志	标称阻值	代码标志	标称阻值
000	0Ω	101	100Ω	202	2.0kΩ
010	1Ω	111	110Ω	222	2.2kΩ
020	2Ω	121	120Ω	242	2.4kΩ
030	3Ω	131	130Ω	272	2.7kΩ
040	4Ω	151	150Ω	302	3.0kΩ
050	5Ω	161	160Ω	332	3.3kΩ
100	10Ω	181	180Ω	362	3.6kΩ
110	11Ω	221	220Ω	392	3.9kΩ
120	12Ω	241	240Ω	472	4.7kΩ
130	13Ω	271	270Ω	512	5.1kΩ
150	15Ω	301	300Ω	562	5.6kΩ
160	16Ω	331	330Ω	622	6.2kΩ
180	18Ω	361	360Ω	682	6.8kΩ
200	20Ω	391	390Ω	752	7.5kΩ
220	22Ω	431	430Ω	822	8.2kΩ
240	24Ω	471	470Ω	912	9.1kΩ
270	27Ω	511	510Ω	103	10kΩ
300	30Ω	561	560Ω	113	11kΩ
330	33Ω	621	620Ω	123	12kΩ
360	36Ω	681	680Ω	133	13kΩ
390	39Ω	751	750Ω	153	15kΩ
430	43Ω	821	820Ω	163	16kΩ
470	47Ω	911	910Ω	183	18kΩ
510	51Ω	102	1kΩ	203	20kΩ
560	56Ω	112	1.1kΩ	223	22kΩ
620	62Ω	122	1.2kΩ	243	24kΩ
680	68Ω	132	1.3kΩ	273	27kΩ
720	72Ω	152	1.5kΩ	303	30kΩ
820	82Ω	162	1.6kΩ	333	33kΩ
910	91Ω	182	1.8kΩ	363	36kΩ

代码标志	标称阻值	代码标志	标称阻值	代码标志	标称阻值
393	39kΩ	304	300kΩ	225	2.2MΩ
433	43kΩ	334	330kΩ	245	2.4MΩ
473	47kΩ	364	360kΩ	275	2.7MΩ
513	51kΩ	394	390kΩ	305	3.0MΩ
563	56kΩ	434	430kΩ	335	3.3MΩ
623	62kΩ	474	470kΩ	365	3.6MΩ
683	68kΩ	514	510kΩ	395	3.9MΩ
753	75kΩ	564	560kΩ	435	4.3MΩ
823	82kΩ	624	620kΩ	475	4.7MΩ
913	91kΩ	684	680kΩ	515	5.1MΩ
104	100kΩ	754	750kΩ	565	5.6MΩ
114	110kΩ	824	820kΩ	625	6.2MΩ
124	120kΩ	914	910kΩ	685	6.8MΩ
134	130kΩ	105	1MΩ	755	7.5MΩ
154	150kΩ	115	1.1MΩ	825	8.2MΩ
164	160kΩ	125	1.2MΩ	915	9.1MΩ
184	180kΩ	135	1.3MΩ	106	10MΩ
204	200kΩ	155	1.5MΩ	226	22MΩ
224	220kΩ	165	1.6MΩ	476	47MΩ
244	240kΩ	185	1.8MΩ	107	100MΩ
274	270kΩ	205	2.0MΩ		

2. 精密贴片电阻器标称阻值代码速查表

代码标志	标称阻值	代码标志	标称阻值	代码标志	标称阻值
1000	100Ω	1140	114Ω	1300	130Ω
1010	101Ω	1150	115Ω	1320	132Ω
1020	102Ω	1170	117Ω	1330	133Ω
1040	104Ω	1180	118Ω	1350	135Ω
1050	105Ω	1200	120Ω	1370	137Ω
1060	106Ω	1210	121Ω	1380	138Ω
1070	107Ω	1230	123Ω	1400	140Ω
1090	109Ω	1240	124Ω	1420	142Ω
1100	110Ω	1260	126Ω	1430	143Ω
1110	111Ω	1270	127Ω	1450	145Ω
1130	113Ω	1290	129Ω	1470	147Ω

续表

代码标志	标称阻值	代码标志	标称阻值	代码标志	标称阻值
1490	149Ω	2132	21.3kΩ	3282	32.8kΩ
1500	150Ω	2152	21.5kΩ	3322	33.2kΩ
1520	152Ω	2182	21.8kΩ	3362	33.6kΩ
1540	154Ω	2212	22.1kΩ	3402	34.0kΩ
1560	156Ω	2232	22.3kΩ	3442	34.4kΩ
1580	158Ω	2262	22.6kΩ	3482	34.8kΩ
1600	160Ω	2292	22.9kΩ	3522	35.2kΩ
1620	162Ω	2322	23.2kΩ	3572	35.7kΩ
1640	164Ω	2342	23.4kΩ	3612	36.1kΩ
1650	165Ω	2372	23.7kΩ	3652	36.5kΩ
1670	167Ω	2402	24.0kΩ	3702	37.0kΩ
1690	169Ω	2432	24.3kΩ	3742	37.4kΩ
1720	172Ω	2462	24.6kΩ	3792	37.9kΩ
1740	174Ω	2492	24.9kΩ	3832	38.3kΩ
1760	176Ω	2522	25.2kΩ	3882	38.8kΩ
1780	178Ω	2552	25.5kΩ	3922	39.2kΩ
1800	180Ω	2582	25.8kΩ	3972	39.7kΩ
1820	182Ω	2612	26.1kΩ	4022	40.2kΩ
1840	184Ω	2642	26.4kΩ	4072	40.7kΩ
1870	187Ω	2672	26.7kΩ	4122	41.2kΩ
1890	189Ω	2712	27.1kΩ	4172	41.7kΩ
1910	191Ω	2742	27.4kΩ	4222	42.2kΩ
1930	193Ω	2772	27.7kΩ	4272	42.7kΩ
1960	196Ω	2802	28.0kΩ	4224	4.22MΩ
1980	198Ω	2842	28.4kΩ	4274	4.27MΩ
2000	200Ω	2872	28.7kΩ	4374	4.37MΩ
2030	203Ω	2912	29.1kΩ	4424	4.42MΩ
2050	205Ω	2942	29.4kΩ	4484	4.48MΩ
2080	208Ω	2982	29.9kΩ	4534	4.53MΩ
2100	210Ω	3012	30.1kΩ	4594	4.59MΩ
2130	213Ω	3052	30.5kΩ	4644	4.64MΩ
2002	20.0kΩ	3092	30.9kΩ	4704	4.70MΩ
2032	20.3kΩ	3122	31.2kΩ	4754	4.75MΩ
2052	20.5kΩ	3162	31.6kΩ	4814	4.81MΩ
2082	20.8kΩ	3202	32.0kΩ	4884	4.88MΩ
2102	21.0kΩ	3242	32.4kΩ	4934	4.93MΩ

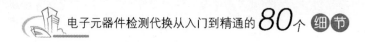
续表

代码标志	标称阻值	代码标志	标称阻值	代码标志	标称阻值
4994	4.99MΩ	6124	6.12MΩ	7504	7.50MΩ
5054	5.05MΩ	6194	6.19MΩ	7594	7.59MΩ
5114	5.11MΩ	6264	6.26MΩ	7684	7.68MΩ
5174	5.17MΩ	6344	6.34MΩ	7774	7.77MΩ
5234	5.23MΩ	6424	6.42MΩ	7874	7.87MΩ
5304	5.30MΩ	6494	6.49MΩ	7964	7.96MΩ
5364	5.36MΩ	6574	6.57MΩ	8064	8.06MΩ
5424	5.42MΩ	6654	6.65MΩ	8164	8.16MΩ
5494	5.49MΩ	6734	6.73MΩ	8254	8.25MΩ
5564	5.56MΩ	6814	6.81MΩ	8354	8.35MΩ
5624	5.62MΩ	6904	6.90MΩ	8454	8.45MΩ
5694	5.69MΩ	6984	6.98MΩ	8564	8.56MΩ
5764	5.76MΩ	7064	7.06MΩ	8664	8.66MΩ
5834	5.83MΩ	7154	7.15MΩ	8764	8.76MΩ
5904	5.90MΩ	7234	7.23MΩ	8874	8.87MΩ
5974	5.97MΩ	7324	7.32MΩ	8984	8.98MΩ
6044	6.04MΩ	7414	7.41MΩ	9094	9.09MΩ

附录B　贴片电容器标称阻值代码速查表

1. 贴片电容器标称容量数字代码速查表

代码标志	电容量	代码标志	电容量	代码标志	电容量
0R5	0.5pF	151	150pF	563	0.056μF
1R0	1pF	181	180pF	683	0.068μF
1R2	1.2pF	221	220pF	823	0.082μF
1R5	1.5pF	271	270pF	104	0.1μF
1R8	1.08pF	331	330pF	124	0.12μF
2R2	2.2pF	471	470pF	154	0.15μF
2R7	2.7pF	561	560pF	184	0.18μF
3R3	3.3pF	681	680pF	224	0.22μF
3R9	3.9pF	821	820pF	334	0.33μF
4R7	4.7pF	102	1000pF	474	0.47μF
5R6	5.6pF	122	1200pF	564	0.56μF
6R8	6.8pF	152	1500pF	684	0.68μF
8R2	8.2pF	182	1800pF	824	0.82μF
R50	0.5pF	222	2200pF	105	1μF
010	1pF	272	2700pF	125	1.2μF
100	10pF	332	3300pF	155	1.5μF
120	12pF	472	4700pF	185	1.8μF
150	15pF	562	5600pF	225	2.2μF
220	22pF	682	6800pF	335	3.3μF
270	27pF	822	8200pF	475	4.7μF
330	33pF	103	0.01μF	525	5.2μF
470	47pF	123	0.012μF	565	5.6μF
560	56pF	153	0.015μF	685	6.8μF
680	68pF	183	0.018μF	106	10μF
820	82pF	223	0.022μF	156	15μF
101	100pF	333	0.033μF	226	22μF
121	120pF	473	0.047μF	336	33μF

代码标志	电容量	代码标志	电容量	代码标志	电容量
476	47μF	337	330μF	159	1.5mF
526	52μF	477	470μF	229	2.2mF
566	56μF	527	520μF	339	3.3mF
686	68μF	567	560μF	479	4.7mF
107	100μF	687	680μF	569	5.6mF
157	150μF	508	0.5mF	689	6.8mF
227	220μF	109	10mF	829	8.2mF

2. 贴片电容器标称容量数字与字母混合代码速查表

字母	数字部分								
	0	1	2	3	4	5	6	7	8
A	1.0pF	10pF	100pF	1000pF	0.01μF	0.1μF	1μF	10μF	0.1pF
B	1.1pF	11pF	110pF	1100pF	0.011μF	0.11μF	1.1μF	11μF	0.11pF
C	1.2pF	12pF	120pF	1200pF	0.012μF	0.12μF	1.2μF	12μF	0.12pF
D	1.3pF	13pF	130pF	1300pF	0.013μF	0.13μF	1.3μF	13μF	0.13pF
E	1.5pF	15pF	150pF	1500pF	0.015μF	0.15μF	1.5μF	15μF	0.15pF
F	1.6pF	16pF	160pF	1600pF	0.016μF	0.16μF	1.6μF	16μF	0.16pF
G	1.8pF	18pF	180pF	1800pF	0.018μF	0.18μF	1.8μF	18μF	0.18pF
H	2.0pF	20pF	200pF	2000pF	0.020μF	0.20μF	2.0μF	20μF	0.20pF
J	2.2pF	22pF	220pF	2200pF	0.022μF	0.22μF	2.2μF	22μF	0.22pF
K	2.4pF	24pF	240pF	2400pF	0.024μF	0.24μF	2.4μF	24μF	0.24pF
L	2.7pF	27pF	270pF	2700pF	0.027μF	0.27μF	2.7μF	27μF	0.27pF
M	3.0pF	30pF	300pF	3000pF	0.030μF	0.30μF	3.0μF	30μF	0.30pF
N	3.3pF	33pF	330pF	3300pF	0.033μF	0.33μF	3.3μF	33μF	0.33pF
P	3.6pF	36pF	360pF	3600pF	0.036μF	0.36μF	3.6μF	36μF	0.36pF
Q	3.9pF	39pF	390pF	3900pF	0.039μF	0.39μF	3.9μF	39μF	0.39pF
R	4.3pF	43pF	430pF	4300pF	0.043μF	0.43μF	4.3μF	43μF	0.43pF
T	5.1pF	51pF	510pF	5100pF	0.051μF	0.51μF	5.1μF	51μF	0.51pF
U	5.6pF	56pF	560pF	5600pF	0.056μF	0.56μF	5.6μF	56μF	0.56pF
V	6.2pF	62pF	620pF	6200pF	0.062μF	0.62μF	6.2μF	62μF	0.62pF
W	6.8pF	68pF	680pF	6800pF	0.068μF	0.68μF	6.8μF	68μF	0.68pF
X	7.5pF	75pF	750pF	7500pF	0.075μF	0.75μF	7.5μF	75μF	0.75pF
Y	8.2pF	82pF	820pF	8200pF	0.082μF	0.82μF	8.2μF	82μF	0.82pF

字母	数字部分								
	0	1	2	3	4	5	6	7	8
Z	9.1pF	91pF	910pF	9100pF	0.091μF	0.91μF	9.1μF	91μF	0.91pF
a	2.5pF	25pF	250pF	2500pF	0.025μF	0.25μF	2.5μF	25μF	0.25pF
b	3.5pF	35pF	350pF	3500pF	0.035μF	0.35μF	3.5μF	35μF	0.35pF
d	4.0pF	40pF	400pF	4000pF	0.040μF	0.40μF	4.0μF	40μF	0.40pF
e	4.5pF	45pF	450pF	4500pF	0.045μF	0.45μF	4.5μF	45μF	0.45pF
f	5.0pF	50pF	500pF	5000pF	0.050μF	0.50μF	5.0μF	50μF	0.50pF
m	6.0pF	60pF	600pF	6000pF	0.060μF	0.60μF	6.0μF	60μF	0.60pF
n	7.0pF	701pF	700pF	7000pF	0.070μF	0.70μF	7.0μF	70μF	0.70pF
t	8.0pF	80pF	800pF	8000pF	0.080μF	0.80μF	8.0μF	80μF	0.80pF
y	9.0pF	90pF	900pF	9000pF	0.090μF	0.90μF	9.0μF	90μF	0.90pF

附录C 贴片电感器标称电感量代码速查表

代码标志	电感量	代码标志	电感量	代码标志	电感量
1N2	1.2nH	R39	390nH	560	56μH
1N5	1.5nH	R47	470nH	680	68μH
1N8	1.8nH	R50	500nH	820	82μH
2N2	2.2nH	R56	560nH	101	100μH
2N7	2.7nH	R68	680nH	121	120μH
3N9	3.9nH	R82	820nH	151	150μH
4N7	4.7nH	1R0	1.0μH	181	180μH
5N6	5.6nH	1R2	11.2μH	221	220μH
6N8	6.8nH	1R5	1.5μH	271	270μH
8N2	8.2nH	1R8	1.8μH	301	300μH
10N	10nH	2R2	2.2μH	331	330μH
12N	12nH	2R7	2.7μH	391	390μH
15N	15nH	3R3	3.3μH	471	470μH
18N	18nH	3R9	3.9μH	561	560μH
22N	22nH	4R7	4.7μH	681	680μH
27N	27nH	5R6	5.6μH	821	820μH
33N	33nH	6R8	6.8μH	102	1mH
39N	39nH	8R2	8.2μH	152	1.5mH
47N	47nH	100	10μH	182	1.8mH
56N	56nH	120	12μH	222	2.2mH
68N	68nH	150	15μH	272	2.7mH
82N	82nH	180	18μH	332	3.3mH
R10	100nH	220	22μH	392	3.9mH
R12	120nH	270	27μH	472	4.7mH
R15	150nH	330	33μH	562	5.6mH
R18	180nH	390	39μH	682	6.8mH
R22	220nH	470	47μH	822	8.2mH
R27	270nH	500	50μH	103	10mH

附录 D　贴片二极管型号代码速查表

1. 常用稳压贴片二极管型号代码速查表

代码	对应型号	封装形式	主要性能指标	厂商
00	LM3Z2V4T1G	SOD-323	0.2W、2.4V	LRC（乐山无线电）
	LM5Z2V4T1	SOD-523	0.1W、2.4V	LRC（乐山无线电）
	MM3Z2V4	SOD-323	0.2W、2.4V	振华永光
01	LM3Z2V7T1G	SOD-323	0.2W、2.7V	LRC（乐山无线电）
	LM5Z2V7T1	SOD-523	0.1W、2.7V	LRC（乐山无线电）
	MM3Z2V7	SOD-323	0.2W、2.7V	振华永光
1P	KDZ2.0FV	TFSC	0.1W、1.95～2.15V	KEC（无锡开益禧）
1Z	MM3Z2V7B	SOD-323F	0.2W、2.7V	Fairchild（仙童、飞兆）
1Y	KDZ11VV	VSC	0.1W、10.76～11.22V	KEC（无锡开益禧）
10X	Z02W10V	SOD-23	0.2W、9.40～9.93V	KEC（无锡开益禧）
L0	CMOZ2L2	SOD-523	0.25W、2.2V	Centr
M0	CMOZ5L6	SOD-523	0.25W、5.6V	Centr
M8	CMOZ4L7	SOD-523	0.25W、4.7V	Centr
QAA	SMP30-62	DO-214AA	62V 保护用	ST（意法半导体）
QAB	SMP30-68	DO-214AA	68V 保护用	ST（意法半导体）
QAH	SMP30-220	DO-214AA	200V 保护用	ST（意法半导体）
Z21	HZD5221B	SOD-123	0.5W、2.4V	SINLOON（香港美隆）
Z27	HZD5227B	SOD-123	0.5W、3.6V	SINLOON（香港美隆）
Z35	HZD5235B	SOD-123	0.5W、6.8V	SINLOON（香港美隆）
Z42	HZD5242B	SOD-123	0.5W、12V	SINLOON（香港美隆）
ZHK	SM2Z5V1	2WSMD	2W、5.1V	STM
ZHL	SM2Z5V6	2WSMD	2W、5.6V	STM
ZHW	SM2Z12	2WSMD	2W、12V	STM
ZJQ	SM2Z30	2WSMD	2W、30V	STM

2. 常用整流贴片二极管型号代码速查表

代码	对应型号	封装形式	主要性能指标	厂商
24	RR264M-400	PMDU	400V、0.7A	Rohm（罗姆）
91	RR255M-400	PMDU	400V、0.7A	Rohm（罗姆）
D1	SOD4001	SOD-123FL	50V、1A	BL（比邻）
D2	SOD4002	SOD-123FL	100V、1A	BL（比邻）

续表

代码	对应型号	封装形式	主要性能指标	厂商
D3	SOD4003	SOD-123FL	200V、1A	BL（比邻）
D4	SOD4004	SOD-123FL	400V、1A	BL（比邻）
D5	SOD4005	SOD-123FL	600V、1A	BL（比邻）
D6	SOD4006	SOD-123FL	800V、1A	BL（比邻）
D7	SOD4007	SOD-123FL	1000V、1A	BL（比邻）
M1	4001	DO-214AC（SMA）	50V、1A	SIYU（大昌电子）
M2	4002	DO-214AC（SMA）	100V、1A	SIYU（大昌电子）
M3	4003	DO-214AC（SMA）	200V、1A	SIYU（大昌电子）
M4	4004	DO-214AC（SMA）	400V、1A	SIYU（大昌电子）
M5	4005	DO-214AC（SMA）	600V、1A	SIYU（大昌电子）
M6	4006	DO-214AC（SMA）	800V、1A	SIYU（大昌电子）
M7	4007	DO-214AC（SMA）	1000V、1A	SIYU（大昌电子）
TE25	1SR154-400	PMDS	400V、1A	Rohm（罗姆）
	1SR154-600	PMDS	400V、1A	Rohm（罗姆）
TR	RR274EA-400	TSMD5	400V、1A	Rohm（罗姆）

3. 常用开关贴片二极管型号代码速查表

代码	对应型号	封装形式	主要性能指标	厂商
1	BA277	SOD-523	35V、715mW、1.2pF	PhilipS（飞利浦）
10p	BAT18	SOD-23	35V、100mW、0.8pF	PhilipS（飞利浦）
13A	MMBD1503A	SOT-23	200V、50nS	JGD（苏州固锝）
24	MMBD1201	SOT-23	100V、4nS	JGD（苏州固锝）
43	BAS40T	SOT-523	40V、0.15W	深圳大洋电子
44	BAS40-04T	SOT-523	40V、0.15W	深圳大洋电子
4D	HD3A	SOT-23	75V、0.33W	Zetex（捷特科）、ETC
KA2	MMDB4148W	SOT-323	75V、0.2W	深圳大洋电子
A2X	MMBD2836	SOT-23	75V、100mA 双管共阳极	Motorola（摩托罗拉）
AY	MMBD1000	SOT-23	30V、0.2A	Motorola（摩托罗拉）
B2	BSV52	SOT-23	12V、400MHz	Philips（飞利浦）
B2p	BSV52	SOT-23	12V、400MHz	Philips（飞利浦）
B4	HSM2693A	SC-59A	35V、0.15W	Hitachi（日立）
B6D	CMSD2004S	SOT-323	240V、0.2W	深圳大洋电子
blueS	BA582	SOT-123	35V、100mA	Siemens（西门子）
M1A	MA3X159	TO-236	40V、100mA，高速	Panasonic（松下）
M1C	MA3X158	TO-236	250V、100mA，高速	Panasonic（松下）

续表

代码	对应型号	封装形式	主要性能指标	厂商
M2P	MA704WA	SC-59	30V、30mA，高速	Panasonic（松下）
M2R	MA7741WK	SC-59	40V、30mA，高速	Panasonic（松下）

4. 常用肖特基贴片二极管型号代码速查表

代码	对应型号	封装形式	主要性能指标	厂商
10	1PS59SB10	SC-59	30V、200mA，单管	Philips（飞利浦）
12E	ZC2812E	SOT-23	15V、20mA，双管串联	Zetex（捷特科）
13	MA4CS103A	SOT-23	20V、100mA，单管	Macom
13E	ZC2813E	SOT-23	15V、20mA，双管共阳极	Zetex（捷特科）
14	1PS59SB14	SC-59	30V、200mA，双管串联	Philips（飞利浦）
1Z	BAS70-06	SOT-23	70V、0.33W，双管共阳极	Zetex（捷特科）
2L	BAT754A	SOT-23	30V、200mA，双管共阳极	Philips（飞利浦）
2Z5	BAS70-05	SOT-23	70V、0.33W，双管共阴极	Zetex（捷特科）
5N	MMBD452L	SOT-23	70V、0.225W	Motorola（摩托罗拉）
64	BAT64-02W	SCD-80	40V、250mA，单管	Siemens（西门子）
73p	BAS70	SOT-23	70V、50mA	Philips（飞利浦）
B1	HSMS-2811	SOT-23	70V、1A	HP（惠普）
B4	HSMS-2814	SOT-23	70V、1A，双管共阴极	HP（惠普）
BD	ZHCS400	SOT-323	40V、0.4A	Zetex（捷特科）
BE	BAS70	SOT-23	70V、50mA	Motorola（摩托罗拉）
M4	MBD110DWT1	SOT-363	7V、120mW	Motorola（摩托罗拉）
T4	MBD330DWT1	SOT-363	7V、120mW	Motorola（摩托罗拉）
WV3	BAT54A	SOT-23	30V、200mA	Philips（飞利浦）
WV4	BAT54S	SOT-23	30V、200mA	Philips（飞利浦）
WW1	BAT54AC	SOT-23	30V、200mA	Philips（飞利浦）

附录 E 贴片晶体管型号代码速查表

1. 常用贴片晶体管型号代码速查表

代码	对应型号	封装形式	主要性能指标	厂商
179	FMMT5179	SOT-23	NPN 型，20V、330mW	Zetex（捷特科）
1A	BC846A	SOT-23	NPN 型，80V、325mW	Fairchild（仙童、飞兆）
	BC846AT	SC-75	NPN 型，80V、150mW	Philips（飞利浦）
	BC846AF	SC-89	NPN 型，65V、250mW	Philips（飞利浦）
	BC846AWT1	SOT-23/SC-70	NPN 型，80V、150mW	Motorola（摩托罗拉）
1A	BC846AW	SOT-23/SC-70	NPN 型，80V、200mW	Philips（飞利浦）
1AM	MMBT3904LT1	SOT-23	NPN 型，60V、225mW	Motorola（摩托罗拉）
1BW	BC846B	SOT-23	NPN 型，65V、250mW	Philips（飞利浦）
1C	MMBTA20LT1	SOT-23	NPN 型，40V、225mW	Motorola（摩托罗拉）
	FMMTA20	SOT-23	PNP 型，40V、330mW	Zetex（捷特科）
1Cs	BC847S	SOT-363	NPN 型，45V、250mW	Infineon（英飞凌）
1HT	SOA05	SOT-23	NPN 型，80V、350mW	THOMSON（汤姆逊）
1KM	MMBT6428LT1	SOT-23	NPN 型，45V、225mW	Motorola（摩托罗拉）
1KW	BC848B	SC-23	NPN 型，30V、250mW	Philips（飞利浦）
1KZ	FMMT4400	SOT-23	NPN 型，40V、330mW	Zetex（捷特科）
1P	MMBT2222ALT1	SOT-23	NPN 型，40V、225mW	Motorola（摩托罗拉）
2GT	SOA56	SOT-23	PNP 型，80V、350mW	THOMSON（汤姆逊）
2K	FMMT4402	SOT-23	PNP 型，40V、330mW	ETC
2M	FMMT5087	SOT-23	PNP 型，50V、330mW	ETC
2W	MMBT8599	SOT-23	PNP 型，80V、225mW	Motorola（摩托罗拉）
3EZ	FMMTH10	SOT-23	NPN 型，25V、330mW	Zetex（捷特科）
3LR	BC858CR	SC-23	PNP 型，30V、225mW	Philips（飞利浦）
3T	HT3	SOT-23	NPN 型，80V、100mW	Zetex（捷特科）
AX	BCX70JR	SOT-23	NPN 型，45V、330mW	Zetex（捷特科）
BB	BCW61B	SOT-23	PNP 型，32V、250mW	Vishay（威世）
BU	BCX71GR	SOT-23	PNP 型，45V、250mW	Philips（飞利浦）
C1W	BCX29	SOT-23	PNP 型，32V、250mW	Philips（飞利浦）

2. 常用高压贴片晶体管型号代码速查表

代码	对应型号	封装形式	主要性能指标	厂商
1D	SXTA42	SOT-89	NPN 型，300V、1W	Siemens（西门子）
1F	MMBT5550	SOT-23	NPN 型，140V、600mW	Fairchild（仙童、飞兆）
2Z	MMBT6520	SOT-23	PNP 型，350V、225mW	Motorola（摩托罗拉）
3S	MMBT5551	SOT-23	PNP 型，160V、350mW	Fairchild（仙童、飞兆）
413	FMMT413	SOT-23	NPN 型，150V、100mA	Zetex（捷特科）
415	MMT415	SOT-23	NPN 型，260V、100mA	Zetex（捷特科）
7Ep	MMBT92	SOT-23	PNP 型，300V、500mW	Philips（飞利浦）
BMp	BSS63	SOT-23	NPN 型，100V、250mW	Philips（飞利浦）
BMs	BSS63	SOT-23	NPN 型，100V、330mW	Siemens（西门子）
BMt	BSS63	SOT-23	NPN 型，100V、250mW	Philips（飞利浦）
DD	BFN16	SOT-89	NPN 型，250V、1W	Siemens（西门子）
DE	BFN18	SOT-89	NPN 型，300V、1W	Siemens（西门子）
DG	BFN17	SOT-89	PNP 型，250V、1W	Siemens（西门子）
DH	BFN19	SOT-89	PNP 型，300V、1W	Siemens（西门子）
DKs	BCX42	SOT-23	PNP 型，125V、800mW	Siemens（西门子）
FKs	BFN25	SOT-23	PNP 型，250V、360mW	Siemens（西门子）
G1	MMBT5551	SOT-23	PNP 型，140V、225mW	Motorola（摩托罗拉）
P2E	PXTA93	SOT-89	PNP 型，300V、1.3W	Philips（飞利浦）
P2L	PMBT5401	SOT-23	PNP 型，300V、1.3W	Philips（飞利浦）
P39	SO692	SOT-23	PNP 型，150V、250mW	THOMSON（汤姆逊）
PZTA92	PZTA92	SOT-223	PNP 型，300V、1.5W	Siemens（西门子）

3. 常用开关贴片晶体管型号代码速查表

代码	对应型号	封装形式	主要性能指标	厂商
1A	FMMT3903	SOT-23	NPN 型，60V、330mW	Zetdex（捷特科）
1BZ	FMMT2222	SOT-23	NPN 型，60V、330mW	ETC
1J	FMMT2369	SOT-23	NPN 型，15V、330mW	ETC
1J	MMBT2369	SOT-23	NPN 型，15V、225mW	ETC
1JA	MMBT2369A	SOT-23	NPN 型，15V、225mW	Motorola（摩托罗拉）
1P	FMMT2222A	SOT-23	NPN 型，60V、330mW	ETC
1P	MMBT2222A	SOT-23	NPN 型，60V、330mW	Motorola（摩托罗拉）
1S	MMBT2369A	SOT-23	NPN 型，15V、225mW	Faircild（仙童、飞兆）
1W	FMMT3904	SOT-23	NPN 型，60V、330mW	Zetex（捷特科）
23	MMBT3646	SOT-23	NPN 型，15V、625mW	Faircild（仙童、飞兆）

续表

代码	对应型号	封装形式	主要性能指标	厂商
2A	FMMT3906	SOT-23	NPN 型，40V，330mW	Zetex（捷特科）
2BZ	FMMT2907	SOT-23	PNP 型，40V，330mW	Zetex（捷特科）
2F	FMMT2907A	SOT-23	PNP 型，60V，330mW	Zetex（捷特科）
2J	MMBT3640	SOT-23	NPN 型，12V，225mW	Motorola（摩托罗拉）
	MMBT3640	SOT-23	NPN 型，12V，225mW	Faircild（仙童、飞兆）
	BT3640	SOT-23	NPN 型，12V，225mW	振华永光
2P	FMMT2222R	SOT-23	NPN 型，60V，330mW	ETC
2W	FMMT3905	SOT-23	PNP 型，40V，330mW	Zetex（捷特科）
2X	MMBT4401LT1	SOT-23	NPN 型，40V，225mW	Motorola（摩托罗拉）
3P	FMMT2222AR	SOT-23	NPN 型，60V，330mW	ETC
4P	FMMT2907R	SOT-23	PNP 型，40V，330mW	Zetex（捷特科）
5P	FMMT2907AR	SOT-23	PNP 型，60V，330mW	Zetex（捷特科）
617	FMMT617	SOT-23	NPN 型，3A，625mW	Zetex（捷特科）
618	FMMT618	SOT-23	NPN 型，2.5A，625mW	Zetex（捷特科）
V30	PMBTH10	SOT-23	NPN 型，25V，400mW	Philips（飞利浦）
V31	PMBTH81	SOT-23	PNP 型，20V，400mW	Philips（飞利浦）
ZT2222	PZT2222	SOT-223	NPN 型，30V，1.5W	Siemens（西门子）
2T2222A	PZT2222A	SOT-223	NPN 型，40V，1.5W	Siemens（西门子）

4. 常用达林顿贴片晶体管型号代码速查表

代码	对应型号	封装形式	主要性能指标	厂商
1V	MMBT6427	SOT-23	NPN 型，40V、225mW	Motorola（摩托罗拉）
3W	FMMTA12	SOT-23	NPN 型，40V、330mW	Zetex（捷特科）
4J	FMMT38A	SOT-23	NPN 型，80V、330mW	Zetex（捷特科）
AS1	BST50	SOT-89	NPN 型，45V、1.3W	Philips（飞利浦）
AS2	BST51	SOT-89	NPN 型，60V、1.3W	Philips（飞利浦）
BSP61	BSP61	SOT-223	PNP 型，80V、1.5W	Infineon（英飞凌）
BSP62	BSP62	SOT-223	PNP 型，90V、1.5W	Infineon（英飞凌）
FD	BCV26	SOT-23	PNP 型，30V、350mW	Fairchild（仙童、飞兆）
FF	BCV27	SOT-23	NPN 型，30V、350mW	Fairchild（仙童、飞兆）
FGt	BCV47	SOT-23	NPN 型，60V、250mW	Philips（飞利浦）
p1M	PMBTA13	SOT-23	NPN 型，60V、250mW	Philips（飞利浦）
t1M	PMBTA13	SOT-23	NPN 型，30V、250mW	Philips（飞利浦）
t1N	PMBTA14	SOT-23	NPN 型，30V、250mW	Philips（飞利浦）
UB	2SB852K	SMT3	PNP 型，32V、200mW	Rohm（罗姆）

续表

代码	对应型号	封装形式	主要性能指标	厂商
WB	2SD1383K	SMT3	NPN 型、32V、200mW	Rohm（罗姆）
ZFD	BCV26	SOT-23	PNP 型、30V、330mW	Zetex（捷特科）
ZFE	BCV46	SOT-23	PNP 型、60V、330mW	Zetex（捷特科）
V30	PMBTH10	SOT-23	NPN 型、25V、400mW	Philips（飞利浦）
V31	PMBTH81	SOT-23	PNP 型、20V、400mW	Philips（飞利浦）

5. 常用高频贴片晶体管型号代码速查表

代码	对应型号	封装形式	主要性能指标	厂商
01	MRF9011LT1	SOT-143	NPN 型、15V、300mW	Motorola（摩托罗拉）
02	MRF5711LT1	SOT-143	NPN 型、8GHz、10V、300mW	Motorola（摩托罗拉）
05F	TSDF1205R	SOT-143R	NPN 型、12GHz、4V、40mW	Vishay（威世）
18	BFP181T	SOT-143	NPN 型、7.8GHz、10V、160mW	Vishay（威世）
1D	2SC4083	UMT3	NPN 型、3.2GHz、11V、200mW	Rohm（罗姆）
20F	TSDF1220R	SOT-143R	NPN 型、12GHz、6V、200mW	Vishay（威世）
23p	BF547	SOT-23	NPN 型、1GHz、20V、300mW	Philips（飞利浦）
7D	MMBR931	SOT-23	NPN 型、1GHz、6V、50mW	Motorola（摩托罗拉）
AEN	2SC3839K	SMT	NPN 型、2.0GHz、20V、TV 调谐用	Rohm（罗姆）
H	MRF947BT1	SOT-323	NPN 型、8GHz、10V、250mW	Motorola（摩托罗拉）
JL	MRF949T1	SC-90	NPN 型、9GHz、10V、144mW	Motorola（摩托罗拉）
V26	BFG67/XR	SOT-143R	NPN 型、8GHz、10V、300mW	Philips（飞利浦）
V2p	BFQ67	SOT-23	NPN 型、8GHz、10V、300mW	Philips（飞利浦）
W0F	TSDF1205RW	SOT-343R	NPNP 型、12GHz、4V、40mW	Vishay（威世）
W18	BFP181TW	SOT-343	NPN 型、7.8GHz、10V、160mW	Vishay（威世）
W22	S822TW	SOT-343	NPN 型、5GHz、6V、30mW	Vishay（威世）
WE1	BFS17W	SOT-323	NPNP 型、2.1GHz、15V、200mW	Vishay（威世）
WSG	BFP182TRW	SOT-343R	NPNP 型、7.5GHz、10V、35mW	Vishay（威世）
WU	MRF2947AT1	SOT-363	NPN 型、9GHz、10V、250mW	Motorola（摩托罗拉）

6. 常用带阻贴片晶体管型号代码速查表

代码	对应型号	封装形式	主要性能指标	厂商
0N	MUN5136DW1T1	SOT-363	双 PNP 型、100K＋100K、50V、100mA	LRC（乐山无线电）
0P	MUN5137DW1T1	SOT-363	双 PNP 型、47K＋22K、50V、100mA	LRC（乐山无线电）

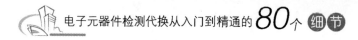

续表

代码	对应型号	封装形式	主要性能指标	厂商
11P	PDTA114TT	SOT-23	PNP 型，R1 10K、50V、100mA	Philips（飞利浦）
18	PDTC143ZK	SOT-346	NPN 型，4.7K+47K、50V、250mV	Philips（飞利浦）
7N	MUN5236DW1T1	SOT-363	双 NPN 型，100K+100K、50V、100mW	LRC（乐山无线电）
7P	MUN5237DW1T1	SOT-363	双 NPN 型，47K+22K、50V、100mW	LRC（乐山无线电）
91	DTA113TKA	SC-59	PNP 型，R1 1K、50V、100mA	Rohm（罗姆）
A8M	MMUN2235LT1	SOT-23	NPN 型，2.2K+47K、50V、100mW	LRC（乐山无线电）
DE	PDTA114TM	SOT-883/SC-101	PNP 型，R1 10K、50V、100mA	Philips（飞利浦）
E01	DTDG14EP	SOT-89	NPN 型，R2 10K、60V、1A	Rohm（罗姆）
E56	DTA144VSA	SC-59	PNP 型，47K+10K、50V、100mA	Rohm（罗姆）
E66	DTC144VKA	SC-59	NPN 型，47K+10K、50V、100mA	Rohm（罗姆）
T146	DTA113TKA	SC-59	PNP 型，R1 1K、50V、100mA	Rohm（罗姆）
T31	PDTA143XT	SOT-23	PNP 型，4.7K+10K、50V、250mW	Philips（飞利浦）
T32	PDTA143XT	SOT-23	PNP 型，4.7K+10K、50V、250mW	Philips（飞利浦）
TA114T	PDTC114TS	SOT-23	PNP 型，4.7K+10K、50V、250mW	Philips（飞利浦）
XWs	BCR505	SOT-23	NPN 型，2.2K+10K、50V、0.5A	Siemens（西门子）
XXs	BCR571	SOT-23	PNP 型，1K+1K、50V、0.5A	Siemens（西门子）

参 考 文 献

［1］　王成安. 电子元器件检测与识别［M］. 北京：人民邮电出版社，2012.

［2］　流耘. 电子元器件识别检测一本通［M］. 北京：电子工业出版社，2011.

［3］　赵广林. 常用电子元器件识别、检测、选用一读通［M］. 北京：电子工业出版社，2011.

［4］　李响初. 贴片元器件应用与检测技巧［M］. 北京：化学工业出版社，2010.

［5］　门宏. 门老师教你快速识别和检测电子元器件［M］. 北京：人民邮电出版社，2011.

［6］　蔡杏山. 电子元器件、检测及应用［M］. 北京：化学工业出版社，2012.

［7］　三宅和司，张秀琴. 电子元器件的选择与应用［M］. 北京：科学出版社，2006.

［8］　王学屯. 电子元器件的识别与检测［M］. 北京：电子工业出版社，2010.

［9］　王龙，刘会英. 电子元器件的基础及应用［M］. 北京：电子工业出版社，2011.

［10］　刘为国，王春生. 从零开始学电子元器件［M］. 北京：国防工业出版社，2007.

［11］　李为. 电子元器件识别检测与焊接［M］. 北京：电子工业出版社，2012.

［12］　杨宗强. 万用表检测电子元器件［M］. 北京：化学工业出版社，2010.

［13］　林传洪. 电子元器件应用宝典［M］. 北京：机械工业出版社，2011.